任德志　薛颖昊　孙仁华 ◎ 编著

玉米秸秆皮穰
分离技术及装备研究

中国农业出版社
北　京

编著委员会

CONTENTS 目 录

Chapter 1

第一章
秸秆利用情况

第一节　我国农作物秸秆的资源与利用情况

我国是秸秆生产大国，每年全国秸秆总产量达 8.4 亿吨，其中玉米秸秆约占 29%。农作物秸秆作为农业生产的附加产物，是一种丰富资源，秸秆中含有大量的钾、磷、氮等元素和有机质，每吨秸秆的营养价值等同于 0.25 吨粮食的营养价值。实现秸秆资源的可持续循环利用对生态农业中土壤肥力不足、水土流失、环境污染等问题都有重要影响，合理利用秸秆资源改善生态环境、促进农业可持续发展已经被提到我国农业发展的紧迫日程当中。

我国是一个绿色覆盖面积较少的国家，生态系统脆弱，其中森林覆盖率更是不到 20%，远低于全球 31% 的平均水平，人均森林面积仅为世界平均水平的 1/4，人均森林蓄积量只有世界平均水平的 1/7，森林资源匮乏问题突出。随着畜牧业的快速发展，饲草、饲料的缺乏问题也逐渐凸显。

尽管我国秸秆资源非常丰富，但加工处理技术还相对落后，很多秸秆原地焚烧，不仅造成了秸秆资源的大量浪费，还给环境造成了巨大的污染，人民的生命财产安全也受到威胁。近年来，特别是进入秋冬季节，雾霾特别严重，"雾霾"更是成为连续多年的年度关键词，而秸秆焚烧是造成部分地区雾霾天的重要原因之一。秸秆是很好的农业副产品，如果加以利用可以为人类生存发展提供大量能源。目前秸秆在应用方面包括：秸秆还田、热效能源、牲畜饲料、工业原料、活性炭吸附剂、秸秆气化，可制成乙醇、苯酚、蛋白质等。当前，我国对于秸秆的开发利用处于初级阶段，加工机械种类较少，加工方法单一粗糙。常见的秸秆加工机械有铡草机、揉丝机、粉碎机、压捆机等，加工方法均为切碎、揉丝。

玉米秸秆通过简单的切碎揉丝处理，其秸秆皮穰并未分离，且由于秸秆皮穰物理属性相差很大，用作牲畜饲料采食适口性差、不易消化，用作板材加工抗拉、抗压强度不够，用作工业原料储存易腐烂变质，因此需要探索玉米秸秆皮穰分离的力学行为，实现玉米秸秆皮穰最大程度的分离。玉米秸秆外皮纤维素含量最高，力学强度最好，可以用做板材家具、纸张等，是木材的替代品；内穰糖分、蛋白质、碳水化合物含量高，质地松软，可以作为牲畜饲料和缓冲材料，是牧草和泡沫塑料的替代品。秸秆皮板材化和秸秆穰饲草化的利用不仅可以提高秸秆本身的使用价值，还能有效地缓解森林资源、牧草资源紧张的现状，更能对自然环境的保护作出巨大贡献，可谓"一举三得"。

第二节　秸秆饲料化资源与利用技术方法

一、秸秆青（黄）贮技术

秸秆青贮处理法又称自然发酵法，就是把新鲜的秸秆填入密闭的青贮窖或青贮塔内，经过微生物发酵作用，达到长期保存其青绿多汁营养成分之目的的一种处理技术。适于青贮的秸秆主要有玉米秸秆、甜高粱秆等，该技术较为成熟，经济实用。

（一）技术原理

秸秆青贮的原理就是在适宜的条件下，通过给有益菌（乳酸菌等厌氧菌）提供有利的环境，使好氧微生物（如腐败菌等）在耗尽存留氧气后，活动减弱至停止，从而达到抑制和杀死多种微生物、保存饲料的目的。由于在青贮饲料中微生物发酵产生有用的代谢物，使青贮饲料带有芳香、酸甜等味道，能大大提高其适口性。

(二) 工艺流程

1. 秸秆青贮发酵过程分 3 个阶段

(1) 预备发酵期 (0.5～2 天)。又称好氧发酵期。将含有一定水分的秸秆装填入青贮窖或青贮塔内，压实密封后，附着在原料上的微生物立即开始生长。伴随着铡断的青鲜饲料内可溶性营养成分的外渗，各种好氧和兼性厌氧菌 (包括腐败菌、酵母菌、肠道细菌和霉菌等) 在青贮料间存留的空气中旺盛地繁殖，其中大肠杆菌的产气杆菌群居多。由于青贮料植物细胞的继续呼吸作用和微生物的生物氧化作用，饲料间残留的氧气很快就会被耗尽，转换成厌氧的环境。与此同时，由于各种微生物的代谢活动 (如糖代谢) 产生乳酸、醋酸、琥珀酸等，使青贮料变为酸性，这样乳酸菌就旺盛地繁殖起来。首先是乳酸链球菌占优势，其后是更耐酸的乳酸杆菌占优势，当青贮料中的有机酸积累到湿重的 0.65%～1.30%，pH 在 5 以下时，绝大多数好氧微生物的活动便被抑制，霉菌也因厌氧环境而不能活动。

预备发酵期的长短随着原料的化学成分和填窖的紧实程度不同而有所不同。一般而言，含蛋白质多而糖分少的豆科作物和豆科牧草的预备发酵期，比富含糖分和淀粉的玉米秸秆、高粱秸秆和根茎叶类饲料长，填装疏松的比紧实的长。预备发酵期通常是在青贮后 2 天左右结束。

(2) 乳酸菌发酵期 (2～15 天)。又称酸化成熟期。在 2～7 天内，青贮容器内氧气逐渐减少，在湿度和糖度适宜的环境中，乳酸菌大量增殖，生成乳酸，同时产生二氧化碳、乙酸及其他成分；在 8～15 天内，青贮容器内二氧化碳占相当部分，此时以耐酸、厌氧的乳酸菌为主，pH 逐步下降到 4.2 以下。此后，其余细菌也全部被抑制，无芽孢的细菌逐渐死亡，有芽孢的细菌则以芽孢的形式休眠存活，饲料青贮进入最后一个阶段。

(3) 稳定期 (15～25 天)。随着乳酸的大量积累，乳酸菌本身也受到了抑制，并开始逐渐死亡。到第 15 天前后，秸秆发酵过程基本完成，青贮料在厌氧和酸性的环境中成熟，并可长时间地保存下来。但此时还不能马上开窖饲喂，需要经过 10 天左右的稳定发酵，使秸秆变得更加柔软，营养分布更加均匀。

秸秆青贮的技术路线如图 1－1。

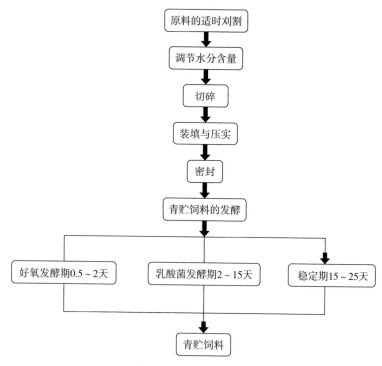

图 1－1　秸秆青贮技术路线示意

2. 秸秆青贮发酵过程的 3 个关键要素

（1）必须选择有一定糖分的秸秆作为青贮原料，一般可溶性糖分含量应为其鲜重的 1%（饲料干物质的 8%）以上。玉米秸秆、高粱秸秆、甘薯藤等均含有适量或较多易溶性碳水化合物，是优良的青贮原料。

（2）青贮原料含水量需能够保证乳酸菌正常活动，适宜的含水量为 65%～75%。但青贮原料的适宜含水量因质地不同而有差别。

质地粗硬的原料，含水量可高达 78%～82%；幼嫩多汁、质地柔软的原料，含水量应低些，以 60% 为宜。显然玉米、高粱秸秆青贮时含水量要高些。

（3）青贮原料应切碎、切短使用，这不仅便于装填、取用，方便家畜采食，而且对青贮饲料的品质（pH、乳酸含量等）及干物质的消化率有比较重要的影响，详见表 1-1。

表 1-1 青贮原料切短对青贮饲料品质的影响

原料含水率 （%）	切短处理	青贮效果		干物质消化率 （%）
		pH	乳酸含量（%）	
85	切短	4.1	1.58	68
	未切短	4.8	0.52	63
70	切短	4.5	1.05	68
	未切短	4.9	0.88	65
60	切短	4.5	0.90	60
	未切短	4.7	0.68	59

青贮原料切碎的长度因青贮原料种类的不同或者牲畜种类的不同而异。比较粗硬的秸秆如玉米秸秆、甜高粱秆等应切得较短些，以 1 厘米左右为宜；比较柔软的秸秆如大麦秸秆、燕麦秸秆等可切得稍长些，以 3～4 厘米为宜。不同种类的牲畜对青贮原料的长度要求也有区别，对牛、羊来说，麦秸秆、甘薯藤等细而柔软的秸秆切成 3～5 厘米即可，粗硬的玉米秸秆、高粱秸秆等切成 2～3 厘米较为适宜；对猪、禽来说，各种青贮料切得越短越好。

（三）注意事项

1. 原料收割 全株玉米应在霜前蜡熟期收割（图 1-2）；收果穗后的玉米秸秆，应在果穗成熟后及时抢收茎秆作青贮。禾本科牧草以抽穗期收割为宜，豆科牧草以开花初期收获为宜。

2. 密封发酵 要求填紧、压实、密封，尽量减少青贮饲料中的空气，并与外界空气隔绝，创造便于厌氧微生物发酵的环境。

3. 质量检查 饲喂前，应从色、香、味和质地等角度仔细检

图1-2　青贮秸秆收割粉碎

查青贮秸秆的质量。首先，品质良好的青贮饲料呈现青绿色或黄绿色，或接近青贮前原料的颜色；中等品质的青贮饲料呈现黄褐色或墨绿色；品质低劣的青贮饲料多为暗褐色或黑色，与青贮原料本来的颜色有很大的差异。其次，品质优良的青贮饲料有酸味和水果香味；中等品质的青贮料有刺鼻的醋酸味；低劣的青贮饲料已经腐烂，有臭味。最后，品质良好的青贮饲料压得非常紧密，但拿在手中又很松散，质地柔软而湿润，茎叶和花等都保持原来的状态，能够清楚地看到茎叶上的叶脉和茸毛；品质不良的青贮饲料黏成一团，像一块烂泥，或者质地松散，且干燥、粗硬、发黏；品质低劣的青贮饲料已经变质，不宜饲用，可用作有机肥料。表1-2是我国通用的青贮饲料感观综合鉴定标准。

表1-2　青贮饲料感观综合鉴定标准

等级	低　劣	中　等	良　好
色	黑色，褐色	黄褐色，墨绿色	黄绿色，绿色
味	酸味很小	酸味中等或小	酸味较多
嗅	臭味	芳香稍有酒精味或醋酸味	芳香味，曲香味
质地手感	干燥松散或黏结成块	柔软稍干或水分稍多	柔软，稍湿润

4. 出料管理　青贮饲料饲喂时，青贮窖（塔）只能打开一头，要采取分段开窖、分层取料的方式。取料后要重新盖好青贮窖（塔），防止日晒、雨淋，避免养分流失、质量下降或发霉

变质。

5. 科学饲喂　开始饲喂青贮饲料时，要由少到多，逐渐增加，使家畜有一个适应过程，防止突然改变饲料，引起家畜食欲下降的现象。青贮秸秆是饲喂家畜的良好饲料，但不能长期单一饲喂，这样不仅难以保证家畜对营养物质的全面需求，而且大量饲喂会影响家畜健康状况，造成腹泻等后果。

青贮饲料的营养取决于青贮作物的种类、收割时间以及储存方式等多种因素，因此不同青贮饲料的营养各不相同，差异很大。当没有条件把样品送饲料分析室化验时，可以参阅饲料手册，概略了解所用青贮饲料的营养，以便按牲畜的营养需要，恰当地进行日粮配合。

(四) 适宜区域

该技术较为成熟，经济实用，具有普适性，适宜不同区域。

(五) 效益测算

在制作青贮饲料时，整株秸秆都可用于青贮，绿色不褪，叶片不烂，能保存作物秸秆中大部分（85%以上）的养分，粗蛋白质及胡萝卜素损失量也较小。如每千克甘薯蔓青贮饲料含有胡萝卜素94.7毫克，而自然风干后仅为2.5毫克，其他营养成分也有类似趋势。原因在于，在自然风干过程中，植物并未立即死亡，仍在继续呼吸，需要消耗和分解部分营养物质，当达到风干状态时，仅呼吸消耗一般会使营养损失30%左右。表1-3显示，玉米秸秆青贮与风干相比，粗蛋白含量高1倍多，粗脂肪含量高4倍多，而粗纤维含量低7.5%。

表1-3　青贮与风干玉米秸秆营养成分对比（占干物质比例）

名　称	成　分（%）				
	粗蛋白	粗脂肪	粗纤维	无氮浸出物	粗灰分
风干玉米秸秆	3.94	0.90	37.60	48.09	9.46
青贮玉米秸秆	8.19	4.60	30.13	47.30	9.74

采用秸秆袋装青贮草喂牛，牛的毛色光亮，精神与体质明显增

强，较喂铡段秸秆可节省精料 40%。从节省粮食精料和牛体重增加两方面估算，采用秸秆青贮饲料喂养，每头牛可增收 300 元以上，喂饲效果和直接经济效益明显。

二、秸秆氨化（碱化）技术

秸秆氨化（碱化）是在密闭的条件下，在稻、麦、玉米等秸秆中加入一定比例的液氨或者尿素进行处理的方法。秸秆氨化是目前较为经济、简便而又实用的秸秆饲料化处理技术之一。

（一）技术原理

秸秆的主要成分是粗纤维，粗纤维中的纤维素、半纤维素可以被草食家畜消化利用，木质素则不能。秸秆中的纤维素和半纤维素有一部分同木质素结合在一起，无法被牲畜消化吸收，氨化的作用就在于切断这种联系，把秸秆中的这部分营养释放出来。

氨化秸秆的作用机理有三个方面：一是碱化作用。氨的水溶液氨水呈碱性，秸秆氨化过程中，由于碱化作用，可以使秸秆中的纤维素、半纤维素与木质素分离，并引起细胞壁膨胀，结构变得疏松，使反刍家畜瘤胃中的瘤胃液易于渗入，从而提高了秸秆的消化率。二是氨化作用。氨与秸秆中的有机物生成醋酸铵，这是一种非蛋白氮化合物，是反刍动物的瘤胃微生物的营养源，它能与有关元素一起进一步合成菌体蛋白质，易于被动物吸收，从而提高秸秆的营养价值和消化率。三是中和作用。氨能中和秸秆中潜在的酸度，为瘤胃微生物的生长繁殖创造良好的环境。

（二）技术流程

秸秆氨化饲料在我国推广应用近 20 年来，广泛采用的氨化方法主要有：堆垛法、窖池法、氨化炉法和氨化袋法。

1. 堆垛法 是指在地平面上，将秸秆堆成长方形垛，用塑料薄膜覆盖，注入氨源进行氨化的方法。

优点：不需要建造基本设施，投资较少，适于大量制作；堆放与取用秸秆时方便，适于我国南方周年采用和北方气温较高的月份采用。

缺点：塑料薄膜容易破损，使氨气逸出，影响氨化效果。

堆垛法秸秆氨化的技术路线见图 1-3。

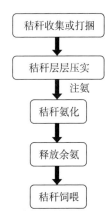

图 1-3　堆垛法秸秆氨化工艺流程

2. 窖池法　利用砖、石、水泥等材料建筑的地下或半地下容器称为窖，在地面上建造的称为池。在温度较高的黄河以南地区，多数是在地面上建池，充分利用春、夏、秋气温高及氨化速度快的有利条件；而在北方较寒冷地区，夏季时间短，多利用地下或半地下窖制作氨化饲料，以便冬季利用。

优点：砖混窖池可长期使用，堆填秸秆较方便；饲料不受虫鼠的为害，也不受水、火等灾害的威胁和泥土的污染；仅封顶时需塑料薄膜，薄膜用量也较少，是我国广大农村中小规模饲养户理想的氨化法。

缺点：窖池法维护费较高，氨化总量为定值，起窖安全性差，暴雨季节容易引起霉变。

窖池法秸秆氨化的技术路线见图 1-4。

3. 氨化炉法　氨化炉是指在密闭保温的容器内，通过外界能源加热，使秸秆快速氨化的专用设备。

优点：不受气候和季节限制且处理快，效果好，一般可保证 24 小时氨化 1 炉，每年可生产 200～250 炉，可供肉牛、奶牛等养

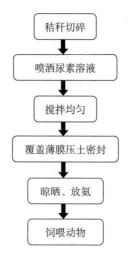

图 1-4 窖池法秸秆氨化工艺流程

殖场常年使用。

缺点：耗电且需大量劳力，费用高。

氨化炉按其建造形式，可分为土建式氨化炉、集装箱式氨化炉和拼装式氨化炉。这几种氨化炉结构相似，工作原理相同。

4. 氨化袋法 在我国南方或北方气温较高的季节，饲养草食家畜较少的农户，可利用塑料袋进行秸秆氨化（图 1-5）。

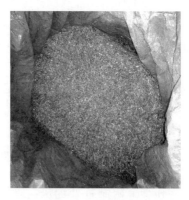

图 1-5 氨化袋法

优点：灵活方便，不需要特殊设备。

缺点：氨化秸秆数量少，成本相对较高；塑料袋易破损，需经常检查粘补。

（三）技术要点

1. 氨化温度　氨化秸秆的速度与环境温度关系很大，温度较高时，应缩短氨化时间。一般氨化的最佳温度是 10～25℃。氨化温度为 17℃时，氨化时间可少于 28 天；当氨化温度高达 28℃时，只需 10 天左右即可氨化完毕。

2. 氨的用量　综合考虑氨化效果及其成本，一般氨的用量以 3％为宜，根据这一数值，针对不同的氨源，其用量占秸秆重的比例为：液氨 2.5％～3.0％，尿素 4.0％～6.0％，氨水 10.0％～15.0％，碳酸氢铵 10.0％～15.0％。

3. 秸秆品质　氨化秸秆必须有适当的水分，一般以 25％～35％为宜。水分过低，水分都吸附在秸秆中，没有足够的水分与氨结合，氨化效果差。含水量过高，不但开窖后需长时间晾晒，而且会引起秸秆发霉变质，影响氨化效果。

（四）注意事项

1. 及时处理氨化原料　秸秆收割以后应及时粉碎作氨化处理，以保持秸秆的青绿色和水分，防止养分流失。

2. 注意品质鉴定　正常情况氨化后的秸秆，颜色呈棕色或深黄色，而且发亮。同时，秸秆质地柔软，有糊香味。若颜色和普通秸秆一样，说明氨化效果不佳。氨化失败的秸秆颜色较暗，甚至发黑，有腐烂味，腐败的氨化秸秆不能饲喂家畜，只能用作肥料。

3. 做好出料管理　要根据日常饲喂量随用随取。每次取出氨化秸秆后，剩余部分要重新密封，以防漏气。含水量大的秸秆也可大量出料，晾干后保存。

4. 注重放氨处理　氨化好的秸秆，开封后有强烈氨味，不能直接饲喂，需将氨化好的秸秆摊开（不要暴晒和晾得过干）10～20小时，经常翻动，经放氨后方可喂养。否则氨味太浓，过于刺鼻，牲畜会不喜采食，造成浪费。

5. 做到配料合理 尽管氨化饲料是一种很好的饲料，但如单独使用，其营养成分和含量仍不能满足家畜生长发育的需求，特别是幼仔和产乳母畜。因此，用氨化秸秆饲喂家畜的同时，还应适当搭配其他的饲料，如饲料粮、矿物质、维生素、青绿料、干牧草等，为家畜提供必要的能量、蛋白质、矿物质和维生素。利用氨化秸秆养牛时，各种饲料配混的比例大致为：氨化秸秆55%，青贮玉米15%，苜蓿干草14.9%，饲料粮等精料14.9%，微量元素0.1%，复合维生素0.1%。

6. 科学饲喂 氨化饲料只能用作成年牛、羊等反刍家畜的饲料，未断奶的犊牛、羔羊因其瘤胃内的微生物生态系统尚未完全形成，应该慎用。饲喂时不能时断时续，瘤胃内微生物适应氨化饲料有一个过程，时断时续地饲喂会破坏瘤胃内微生物菌群的平衡，从而影响增重效果。开始饲喂时量不宜过多，可同未氨化的秸秆一起混合使用，以后逐渐增加氨化秸秆的用量，直到家畜完全适应时再大量使用氨化秸秆。

7. 预防氨中毒 主要预防措施：①在制作氨化秸秆时要严格使用氨源，不可随意加大用量；②如以尿素、碳酸氢铵作为氨源时，务必使其完全溶解于水中后才可使用，以尿素为氨源时，要避开盛夏35℃以上的天气；③发酵装池时，应将液氨或氨源溶解液均匀地喷洒于秸秆上，以便氨源与饲料混合均匀，提高秸秆氨化效果；④根据不同季节的气温条件，严格掌握好氨化秸秆的发酵时间，以确保氨化秸秆发酵成熟；⑤氨化秸秆放氨后再饲喂，放氨时要把刚出容器的氨化秸秆放到远离畜舍的地方进行；⑥要把放氨后备用的秸秆单独存放，不要堆放在密闭的畜舍内；⑦饲喂氨化饲料后不能立即饮水，否则氨化饲料会在其瘤胃内产生氨，导致中毒。

（五）效益测算

据中国农业大学等单位试验结果，每饲喂1吨氨化秸秆，可节省精饲料300千克以上，即每3.0～3.5千克氨化秸秆可节约1千克粮食。

据测算：建一个 10 米³（长 2.5 米、宽 2 米、深 2 米）的加热式氨化窖，1 次可氨化干麦秸（铡短）1 600 千克，年均 5 次，年氨化干麦秸 8 000 千克，可满足年饲养 5.5 头牛或 11 只羊的需要；年秸秆氨化成本为 588 元，年收益达 2 281.28 元，成本收益率 287.97%；使用期按 20 年计，总运营成本 11 760 元，氨化窖静态投资 1 479 元，两项合计为 13 239 元；财务净现值为 8 220.18 元，内部收益率为 82.52%，动态回收期为 2.4 年。

三、秸秆压块（颗粒）饲料加工技术

被人们称为牛羊的"压缩饼干"或"方便面"的秸秆压块（颗粒）饲料，不仅可作为商品饲料进行长途运输，而且对预防草原冬季"黑灾"（旱灾＋病灾）、"白灾"（雪灾）具有特殊的意义，近年来日益受到国家和地方有关畜牧业管理部门的重视和社会各界有关人士的关注，成为较具发展前景的新型秸秆饲料。秸秆压块饲料与秸秆颗粒饲料（图 1-6）生产工艺大致相同，主要不同点在于压块或制粒设备的选择不同而生产出不同形态的秸秆饲料，此处以秸秆压块饲料加工技术为例进行介绍。

图 1-6　秸秆压块和颗粒饲料

（一）技术原理

秸秆压块饲料是指将各种农作物秸秆经机械铡切或揉搓粉碎之

后，根据一定的饲料配方，与其他农副产品及饲料添加剂混合搭配，经过高温高压轧制而成的高密度块状饲料。秸秆压块饲料加工可将维生素、微量元素、非蛋白氮、添加剂等成分强加进颗粒饲料中，使饲料达到各种营养元素的平衡。

（二）工艺流程

秸秆压块饲料生产的工艺流程见图1-7。

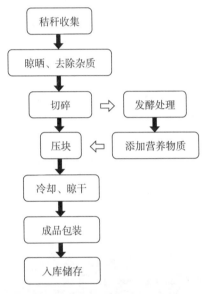

图1-7 秸秆压块饲料生产流程

（三）技术要点

1. 秸秆收集与处理 根据当地秸秆资源条件，确定用于压块饲料生产的主要秸秆品种。

秸秆收集后要进行如下处理：一是晾晒。适宜压块加工的秸秆湿度应在20％以内，最佳为16％～18％，大多数秸秆经自然风干后都能满足此要求。二是切碎或揉搓粉碎。在切碎或揉搓粉碎前一定要去除秸秆中的金属物、石块等杂物。切碎长度应控制在30～50厘米。每次切碎的秸秆数量至少应满足1个班次压块加工所需要的秸秆量。三是堆放回性。秸秆切碎后将其堆放 12～24 小时，使切碎的秸秆原料各部分湿度均匀，这被称为秸秆原料的回性。要求切碎的秸秆原料堆放应有一定的高度。在秸秆堆放回性过程中，要及时掌握秸秆含水量的变化，含水量低时，应适当喷洒一些水，确保原料回性后含水量均匀，湿度保持在 16%～18%。四是除尘。用输送机将切碎的秸秆均匀地输送到除尘机内，对其进行振动除尘。

2. 秸秆发酵处理　尽管秸秆压块饲料对提高秸秆利用率有较大的作用，但是应该看到，它的优点主要是便于贮存和运输，而并未有效地提高秸秆的营养价值。为此，在压块前可对粉碎后的秸秆进行发酵处理（如若发酵，可省去秸秆堆放回性的环节），以提高其营养水平。

3. 添加营养物质　粉碎后或经发酵处理后的秸秆虽然可直接进行压块，但在饲喂时需要添加精饲料、微量元素等营养物质。为了使压块饲料在加水松解后能够直接饲喂，可在压块前添加足够的营养物质，使其成为全价营养饲料。精饲料、微量元素等营养物质要根据牲畜需要和用户需求按比例添加，并把营养物质和粉碎后或经发酵处理后的秸秆，用输送机输送到搅拌机内混合均匀，再进行压块处理。

4. 轧块机压块　轧块机是秸秆压块饲料生产的核心装置。目前国内生产的轧块机一般为螺旋推进式，内腔有螺旋槽，主轴带有推进螺旋片。其主要工作原理是：通过主轴的旋转，由内外螺旋片将物料推进模块槽中，主轴的一端设有轧轮，通过主轴带动轧轮在模块槽内频繁轧压，产生高压和高温，使物料熟化，并经圆周分布的模口强行挤出，生成秸秆压块饲料。由于高压、高温，可使秸秆原料中的淀粉及纤维发生变化，淀粉一般在 50～60℃ 开始膨胀，并失去先前的晶体结构，随着温度的提高，淀粉的颗粒持续膨胀直到爆裂，使淀粉发生凝胶反应（即淀粉的糊化）。糊化促进了淀粉在牲畜肠道中的酶解，也更易于消化。同时，由于高压、高温，撕裂了物料胶质层表面组织和部分纤维组织，使物料中的木质素结构发生变化，纤维素同木质素的联系被切断，扩大了物料表面积，给瘤胃微生物的附着和繁殖创造了条件。

5. 冷却、晾干 从轧块机模口挤出的秸秆饲料块温度高、湿度大，可用冷风机将其迅速降温，这样可有效地减少压块饲料中的水分。为了保证成品质量，必须将降温后的压块饲料摊放在硬化场上晾晒，继续降低其水分含量，以便长期保存。

6. 装袋、入库 将成品压块饲料按照要求进行包装，贮存在通风干燥的仓库内，并定期翻垛检查有无温度升高现象，以防霉变。

(四) 注意事项

根据当地秸秆资源条件，确定用于压块饲料生产的主要秸秆品种，首选豆科类秸秆，其次为禾本科秸秆。秸秆无霉变是确保秸秆压块饲料质量的基本要求。因此，在秸秆收集与处理过程中，一要确保不收集霉变秸秆；二要对收集到的秸秆进行妥善保存，防止霉变。

(五) 适宜区域

全国秸秆资源丰富的地方都可应用该技术。秸秆压块饲料生产和长距离运输，可有效地调节农区秸秆过剩与牧区饲草短缺之间的矛盾，尤其是对抗御牧区"黑、白灾"有着极其重要的现实意义。目前，如果能够在相对靠近内蒙古、新疆、青海、西藏、宁夏、甘肃（河西走廊）等牧区的农区建设 20 多个 10 万～20 万吨级的秸秆压块饲料贮备库，年贮备秸秆压块饲料 300 万吨以上，可基本上满足我国各大牧区畜牧业抗灾救灾的需求。

(六) 效益测算

压块饲料养畜可有效地提高畜产品品质和产量，并取得良好的养殖效益。用秸秆压块饲料饲喂泌乳奶牛的试验效果表明：①育成牛，对照组每头日增重 728 克，日粮成本 7.33 元，折算为每千克增重饲料成本 10.07 元；试验组每头日增重 1 177 克，体斜长多增5 厘米，日粮成本 7.70 元，折算为每千克增重饲料成本 6.54 元，较对照组每千克增重节约饲料成本 3.53 元。由此推算，从育成牛

7月龄165千克开始至青年牛达配种体重400千克时，每头牛可节约饲料成本822.50元，可节省培育饲养时间123天。②一胎青年泌乳奶牛，试验Ⅰ组（干草和青贮饲料全部用秸秆压块饲料替代）比对照组每头日可增奶0.19千克、节约饲料成本2.36元、净增收益2.76元，每头年（305天产奶）净增收益841.8元；试验Ⅱ组（仅用秸秆压块饲料替代干草）比对照组每头日可增奶2.17千克、节约饲料成本0.36元、净增收益4.7元，每头年（305天产奶）净增收益1 443.5元。③成年泌乳奶牛，试验组比对照组每头日可增奶2.18千克、节约饲料成本0.40元、净增收益4.76元，每头年（305天产奶）净增收益1 451.80元。另有研究表明：玉米秸秆压块饲喂牛的效果与羊草相当，同常规秸秆饲喂相比，肉牛增重率提高15%，同时可节约粗饲料30%。

四、秸秆揉搓丝化加工技术

秸秆揉搓丝化加工始于我国北方20世纪80年代后期。秸秆揉搓丝化是指通过对秸秆进行机械揉搓加工，使之成柔软的丝状物。经过揉搓丝化的秸秆，质地松软，不仅能提高其适口性，而且有助于牛羊的消化吸收，对解决我国传统秸秆养畜"两低"（采食率低、转化率低）问题有着重要的作用。

（一）技术原理

在现实畜牧业生产中，秸秆饲喂处理最常用的方法是将秸秆切碎或粉碎，俗称"干草铡三刀，无料也上膘"。秸秆经过切碎或粉碎后，便于牲畜咀嚼，有利于提高采食量，减少秸秆浪费。但秸秆粉碎之后，缩短了饲料（草）在牲畜瘤胃内的停留时间，引起纤维物质消化率降低和反刍现象减少，并导致瘤胃pH下降。所以，秸秆的切碎和粉碎不但会影响分离率和利用率，而且对牲畜的生理机能也有一定影响。秸秆揉搓丝化加工不仅具备秸秆切碎和粉碎处理的所有优点，更解决了秸秆粉碎切碎处理的不足之处，即分离了纤维素、半纤维素与木质素，同时由于秸秆丝较长，能够延长其在瘤胃内的停留时间，有利于牲畜消化吸收，从而达到既提高秸秆采食率，又提高秸秆转化率的双重功效。

（二）工艺流程

由玉米秸秆揉搓粉碎联合作业机和秸秆饲草方捆机组成的玉米秸秆揉丝、打捆成套装备作业技术流程如下：

（1）青玉米秸秆—揉丝—加添加剂—袋装（窖贮）—青贮—保管—饲喂。

（2）半干玉米秸秆—揉丝—添加菌种—打捆—袋装（窖贮）—微贮—保管—饲喂。

（3）干玉米秸秆—揉丝—打捆—干贮—保管—饲喂。

该套装备使用的三套作业技术路线适合不同地域、不同种类秸秆的加工。

（三）设备选型、工艺参数

秸秆揉搓丝化加工是各种现代秸秆饲料加工处理方式中工艺最简单、效率最高、成本最低的方式。秸秆揉搓丝化加工的效率为秸秆粉碎的 1.2～1.5 倍。

秸秆揉搓丝化加工的核心设备是秸秆揉搓机（图 1-8）。目前，我国自行生产的秸秆揉搓机是在锤片式饲料粉碎机的基础上研制出来的，用齿板代替筛片，在高速旋转的锤片和齿板作用下，将秸秆揉搓成细丝。对玉米、谷物、麦草等的秸秆进行丝化加工，加工后的饲草为长度 10～180 毫米、宽度不大于 5 毫米的丝状物，牛、羊等牲畜均可食用，食净率达 96%，增加了饲草营养成分的消化吸收率，大大提高了饲料利用率，减少了养殖成本。

图 1-8　秸秆揉搓丝化机械、丝化效果与饲喂

（四）技术要点

（1）机器工作时，要正确选择喂入量的大小；应根据所要揉搓秸秆长度，随时调整物料的揉碎程度；因所揉碎草料不同，合理调整刀片间隙。一般来说，在揉碎茎秆直径较粗或坚而脆的草料时，刀片间隙可大一些，在揉碎软而韧的草料时，刀片间隙可小一些。如揉碎青玉米秸秆时，刀片间隙可大于 0.3 毫米，揉碎稻草时，刀片间隙可小于 0.2 毫米，若工作中发现揉碎出的长草较多，则将刀片间隙减小，以保证揉碎质量。

（2）经揉切机加工的秸秆既可直接喂饲，也可进一步加工制作高质量的粗饲料。秸秆揉切机加工出的秸秆呈片、丝状，能被牛、羊全部采食，避免了铡草机加工后如玉米芯、玉米秆等粗饲料茎节部分不被采食的浪费。用于加工青贮用的玉米秸秆时，秸秆揉切机比铡草机加工出的段状秸秆质量好，易于压实、排出空气，能制作高质量的青贮饲料。

（五）注意事项

（1）在工作过程中，操作人员的手不得进入设备喂料口，以防事故发生。

（2）如发生草料堵塞时，应立即拉闸停机，排除故障，严禁机器开动时用手拉动堵塞的草料。

（3）喂入的草料中不得混有铁块和石块等硬物，以防发生安全事故。

（六）适宜区域

该技术适宜各个区域。

（七）效益测算

沈阳农业大学研制开发的 9WJS-20 型多功能微型秸秆丝化机适用于各种农作物秸秆，并将其加工成适合牛、羊等家畜饲用的丝状物，饲料食用率可达到 95%。

2003 年 1—4 月在辽宁省朝阳县羊山镇北营子养羊小区开展了揉搓丝化玉米秸秆替代青干草饲喂育肥羊的试验。试验利用双刀锤式多功能丝化机，制成的玉米秸粉丝长 10～20 毫米、宽 1～3 毫米，经过一段时间的饲喂，结果表明：喂丝化玉米秸和喂青干草两组间平均增重分别为 20.98 千克和 21.30 千克，差异不显著；按当时玉米秸每千克 0.14 元，青干草每千克 0.30 元，试验组与对照组每只羊每年分别饲喂丝化玉米秸和青干草各 750 千克计算，喂丝化玉米秸每只羊每年可节省 120 元。该小区每年出栏育肥羊 2 000 多只，全部用丝化玉米秸替代青干草饲喂，每年可节省粗饲料费用 24 万元。

五、秸秆微贮技术

将经过机械加工的秸秆贮存在一定设施（水泥池、土窖、缸、塑料袋等）内，通过添加微生物菌剂进行微生物发酵处理，使秸秆变成带有酸、香、酒味且家畜喜食的粗饲料的技术，称为秸秆微生物发酵贮存技术，简称秸秆微贮技术。1995 年 6 月 8 日农业部（现农业农村部）畜牧兽医司、国家科学技术委员会成果管理办公室联合发出通知，认为微贮技术可以作为一种处理秸秆饲料的新方法应用于畜牧业生产，自此以后，在全国各地已开展了大量秸秆微贮技术示范、推广和应用工作。实践证明，秸秆微贮饲料适口性好、采食量高，成本低、效益高，制作较简便、适用性较广，具有良好的推广应用前景。

（一）技术原理

秸秆微贮饲料处理是一个复杂的微生物活动和生物化学变化过程，乳酸菌的发酵程度决定着微贮的成败。秸秆微贮过程中，由于加入高活性发酵菌种，使饲料中能分解纤维的菌数大幅度提高；发酵菌在适宜的厌氧环境下，分解大量的纤维素、木质素，将其转化为糖；糖类又经有机酸转化为乳酸、醋酸和丙酸，使 pH 降至 4.5～5.0，加速了微贮饲料的生物化学作用，抑制了丁酸菌、腐败菌等有害菌的繁殖。由于微生物有益菌群的生长繁殖，还产生大量胞内酶和胞外酶，在酶的作用下，产生有益于牛羊生长的多种游离氨基酸以及部分维生素，从而实现了秸秆营养价值的提高。通过微贮处理的秸秆饲料，饲料中有益微生物增多，家畜食用后可起到抗病防病的作用。

秸秆在微贮过程中，由于秸秆活杆菌的发酵作用，对半纤维素-木聚糖链和木质素聚合物的酯键进行酶解，增加了秸秆的柔软性和膨胀性，使瘤胃微生物能够直接与纤维素接触，从而提高了牛羊对粗纤维的消化率。牛羊饲喂微贮饲料能促进挥发性脂肪酸的生成、秸秆消化率的增加、采食量的提高以及动物肌体能量代谢物质挥发性脂肪酸的增加，也意味着瘤胃微生物菌体蛋白合成的提高，从而增加了对牛羊机体微生物蛋白的供应量，这就是微贮秸秆饲料使反刍动物增重的主要机理。

（二）工艺流程

秸秆微贮饲料制作的工艺流程如图1-9所示。

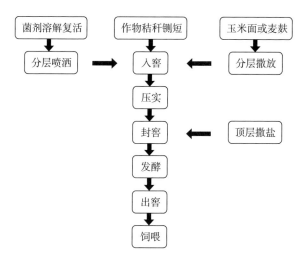

图1-9　秸秆微贮饲料制作工艺流程

根据贮存设施的不同，秸秆微贮的方法主要有：水泥窖微贮法、土窖微贮法、塑料袋微贮法、打捆窖内微贮法等四种。

1. 水泥窖微贮法　窖壁、窖底采用水泥砌筑，农作物秸秆铡切后入窖，分层按比例喷洒菌液，分层压实，窖口用塑料薄膜盖好，然后覆土密封。

优点：一次性投入，经久耐用，窖内不易透气进水，密封性好，适合规模化肉牛奶牛养殖场（户）和常年养殖牛羊农户微贮秸秆饲料的生产。

2. 土窖微贮法 在窖的底部和四周铺上塑料薄膜，将秸秆铡切入窖，分层喷洒菌液、压实、窖口盖上塑料薄膜，覆土密封。

优点：成本较低，简便易行，适宜散养农户微贮秸秆饲料生产，并主要用于补充冬春饲料之不足。

3. 塑料袋微贮法 根据塑料袋的大小先挖 1 个圆形的窖，然后把塑料袋放入窖内，再放入秸秆，分层喷洒菌液、压实，将塑料袋口扎紧，覆土密封。也可用较厚的塑料袋放在地上直接装料微贮，并集中排放于草料库内。

优点：灵活方便，而且适用于一家一户（散养农户和专业养殖农户）微贮饲料的生产。每个塑料袋 1 次可微贮秸秆 100～200 千克，用 1 袋取 1 袋，随用随取，避免了窖贮秸秆每次取料所造成的漏气问题。同时使用大量塑料袋也可形成秸秆微贮的批量处理。

需要注意的是，较硬的秸秆装料时要小心，避免刺破塑料袋；放在地表（草料库内）进行秸秆袋装微贮，要统一编号，定期检查塑料袋是否漏气，并按编号取料饲喂。

4. 打捆窖内微贮法 把喷洒菌液后的秸秆打成方捆，放进微贮窖内，填充缝隙后即可封窖发酵。饲喂时，把秸秆整捆取出，揉碎饲喂。

优点：开窖取料方便，运送方便，适用于秸秆集中微贮处理、分散养殖利用的模式。

（三）技术要点

1. 微贮秸秆的水分调配 微贮秸秆的含水量一般为 60%～65%，最少不低于 55%。含水量过多或过少都不利于微贮发酵，使秸秆易于腐烂变质。在不影响籽粒产量的原则下，及早收割也是提高秸秆饲喂价值的有效措施。如能把及早收割与及早微贮结合起来，秸秆的饲喂价值将会更高，养畜增重效果将会更好，取得的经济效益将会更加显著。

为使微贮秸秆达到适宜牛羊采食要求的含水量，在进行秸秆微贮处理时要适量加水，水的添加量要根据秸秆的干燥程度来确定，不同干燥程度秸秆的加水量详见表1-4。

表1-4　不同干燥程度的秸秆微贮时每立方米
秸秆的适宜加水量

(引自宜春高新技术专利产品开发中心《秸秆微贮的方法技术》)

(单位：千克)

自然含水量 (%)	微贮秸秆含水量要求 (%)			
	65		70	
	玉米秸	麦秸	玉米秸	麦秸
10	192	175	244	222
15	185	168	237	216
20	177	143	229	208
25	168	152	220	200
30	157	143	210	190
35	145	132	197	179
40	131	119	183	167
45	114	104	167	152
50	94	86	147	133
55	70	63	122	111

注：玉米秸干物质比重110千克/米³，麦秸干物质比重100千克/米³。

2. 菌液的配制　秸秆发酵主要使用的是秸秆发酵菌剂，主要组成成分为光合菌和乳酸菌，还有木质纤维分解菌、酵母菌等。不同的发酵剂对秸秆粗纤维的分解作用差异较大，用法、用量也都有区别。现以秸秆发酵活杆菌为例说明菌剂的配制过程：首先进行菌种复活，根据菌种使用说明先将菌剂溶解于一定浓度的白糖水中，在常温下放置一定时间后即可使菌种复活。然后，将复活好的菌液加入食盐水溶液并搅匀，即可制成秸秆微贮所需要的菌液。

3. 秸秆微贮的用料配比　除菌种外，秸秆微贮的主料有秸秆和水，辅料有食盐、玉米面或麦麸等，其配合比例可参考表1-5。

表 1-5　秸秆微贮的用料配比

秸秆种类	秸秆		食盐（千克）	水（克）	玉米面（千克）
	重量（千克）	体积（米³）			
麦秸	1 000	9	7	1 300	10
干玉米秸	1 000	8	7	1 000	10
青玉米秸	2 000	15	7	适量	10

4. 秸秆加工处理　用于微贮的秸秆必须无霉烂变质、无污染，养牛用的秸秆长度不超过 8 厘米，养羊用的不超过 5 厘米，以易于压实，提高窖的利用率，并保证微贮料的厌氧密封性能，提高制作质量。

5. 秸秆微贮的入窖操作　分层装料，在窖底和周围铺一层塑料布，之后铺放秸秆，每层装 30 厘米。分层按干秸秆重量的 0.5% 均匀地撒入玉米面、大麦粉或麦麸，为发酵的初期菌种繁殖提供一定的营养物质。麦秸比重按 100 千克/米³计，干玉米秸比重按 110 千克/米³计。分层喷洒水和菌液，喷洒要均匀，层与层之间不得出现夹干层。分层压实，减少秸秆间空隙，为发酵菌种创造良好的厌氧发酵环境。压实的方法有两种：一是人工踩实，适用于小窖微贮；二是轮式或履带式拖拉机压实，适用于大型窖微贮。需要注意：不管用哪种方法，都要特别注意对窖边、窖角秸秆的压实；机械压不到的地方，要人工压实。

6. 封顶封窖　按照"四分层"（分层装料、分层撒入玉米面或麦麸、分层喷洒水和菌液、分层压实）技术逐层装窖，如当天装不满可以用塑料薄膜盖面，第二天继续装，直到高出窖面 40～50 厘米为止。装完后，在最上面均匀地撒一层食盐粉，食盐用量为 250克/米²。然后再充分压实，盖严塑料薄膜，以保证微贮窖内的厌氧环境。盖上塑料布后，再在上面盖上 20～30 厘米厚的干秸秆，覆土 15～20 厘米。

7. 秸秆发酵期间管理　秸秆微贮后，窖池内的贮料会慢慢地下沉，应及时加盖土，使之高出地面，并在距窖四周约 1 米处挖好排水沟，以防雨水渗入。以后应经常检查，窖顶有裂缝时，应及时覆土压实，防止漏气和雨水渗入。窖上面最好能搭防雨棚，以防雨水进入窖内造成微贮料变质。

8. 微贮饲料的质量检查　在气温较高的季节封窖 21 天，气温较低的季节封窖 30 天后完成微贮发酵，可开窖检查微贮秸秆质量。优质的微贮麦秸、玉米秸或稻草，色泽金黄，有醇香、果香和酸香味，手感松散、柔软、湿润。如呈现褐色，有腐臭或发霉味，手感发黏，结块或干燥粗硬，则质量差，不能饲喂。

（四）注意事项

（1）微贮过程中要注意密封性能，贮料要充分压实，不得出现夹干层。

（2）菌液的喷洒要均匀，原料水分要控制在 $60\%\sim70\%$，不可太干或太湿，如太干则可补充兑有菌剂的水分。

（3）菌剂复活时，加入 2 克白糖能提高复活率。配制好的菌液，需当天用完，不可过夜，否则会失效。

（4）微贮料不需要晾晒，可当天取当天用。在取用微贮饲料时，应从一角开始，从上到下逐段取用，用多少取多少，切不可打洞掏心。取料后再用塑料布密封好，以免雨水浸入，引起变质。

（5）微贮饲料与其他草料搭配。开始时，让牛羊对微贮料有一个适应过程，由少到多，逐步增加饲喂量。一般每天每头家畜的饲喂量为：奶牛、育成牛和肉牛为 $15\sim20$ 千克，羊为 $1\sim3$ 千克，马、驴、骡为 $5\sim10$ 千克。具体饲喂量视牛、羊体重多少而定。另外，由于发酵时加入了食盐，所以这部分食盐应在饲喂家畜时，从家畜日粮中扣除。

（五）适宜区域

秸秆微贮在室外气温 $10\sim40℃$ 的条件下都可以制作，北方春、夏、秋三季，南方一年四季都可以进行。无论是干秸秆还是青秸秆，无论是粮食作物秸秆（如麦秸、稻草、玉米秸、高粱秸、大豆秸、薯类藤蔓等），还是经济作物秸秆（如花生秧、甜菜茎叶、甘蔗嫩叶、蔬菜藤蔓及其残余物等），都可用于微贮饲料生产。某些不太适宜直接养畜的秸秆（如向日葵秆、向日葵秆盘、油菜秆、甘蔗老叶、玉米芯等）经过粉碎或揉搓丝化后微贮，也可转化为优质饲（草）料。

（六）效益测算

据郑学谦等在甘肃省武威市双城镇南安养殖场的试验，饲喂微贮麦秸肉牛采食量较对照提高了 21.46%，头均日增重 0.703 千克，比对照提高 52.27%。

秸秆养牛对比试验肉牛增重结果（表 1-6）表明：氨化麦秸组比原麦秸组提高 25.9%，微贮麦秸组比原麦秸组提高了 56.1%。

表 1-6　麦秸不同处理方式的肉牛 60 天增重情况

处理	牛数（头）	平均始重（千克/头）	平均结束重（千克/头）	平均增重（千克/头）	头均日增重［克/（头·天）］
原麦秸	14	368.1	402.5	34.4	573
氨化麦秸	14	364.2	407.5	43.3	722
微贮麦秸	14	363.5	417.2	53.7	895

多个试验结果（表 1-7）表明，对日平均喂 1.8 千克精料的肉牛，再饲喂微贮秸秆，一般可达到 600~800 克的日增重。孟庆翔等（1999）试验得出，微贮麦秸养牛单位增重成本为 5.51 元/千克，比未做处理的麦秸低 0.89 元。吴克谦（1996）试验得出，微贮麦秸养牛的单位增重成本每千克比未做处理的麦秸低 2.67 元。

表 1-7　微贮秸秆对动物生长性能的影响

资料来源	秸秆种类	牲畜	精料水平（克/天）	处理	日增重（克/天）	日采食秸秆量（千克/天）	料(秸秆)肉比	成本（元/千克）
陈瑞荣等（1998）	豆秸	山羊	150	未处理	85	1.72	20.2	—
			150	微贮	118	1.88	15.9	—
孟庆翔等（1999）	麦秸	肉牛	1 800	未处理	624	5.88	9.4	6.40
			1 800	微贮	767	6.50	8.5	5.51
吴克谦（1996）	麦秸	肉牛	3 300	未处理	574	7.43	12.9	8.33
			3 300	微贮	894	8.22	9.2	5.66

据秸秆微贮饲料养牛效果研究报道，微贮麦秸与普通麦秸相比，精蛋白提高 10.67%，有机酸提高 10.24%。微贮麦秸与氨化麦秸质量基本相同，在试验期内，饲喂氨化麦秸和饲喂微贮麦秸组头均增重分别达 58.8 千克和 58.7 千克，分别比对照组提高47.7% 和 47.5%，效果显著。微贮饲料组比对照组净增产值 2 663元，增加效益 2 395 元，头均效益 120 元；氨化饲料组比对照组净增产值 2 667 元，增加效益 2 060 元，头均效益 103 元，微贮与氨化相比，产值与效益基本相似，在其他投入相同条件下，活杆菌成本仅为尿素成本的 10%。

第三节　秸秆原料化资源与利用技术方法

一、秸秆人造板材生产技术

秸秆人造板（图 1 - 10）是以秸秆为原料，经热压成形制成的建材。我国秸秆人造板的研究起步虽晚，但进展迅速，已成功开发出麦秸刨花板、稻草纤维板、玉米秸秆、棉秆、葵花秆碎料板、软质秸秆复合墙体材料，秸秆塑料复合材料等多种秸秆产品。

图 1 - 10　秸秆人造板

根据产品的结构和用途，秸秆人造板大致可分为以下 3 类：

1. 秸秆硬质板材　指密度在 0.659 克/厘米^3 以上的秸秆碎料板和秸秆中密度纤维板，可以替代传统的木质刨花板和中密度纤维板，用于家具制造、包装和室内装修。

2. 秸秆轻质材料 指用秸秆制成的低密度、轻质、保温内衬材料，用作墙体材料替代黏土砖。可采用挤压法、平压法和模压法制成轻质墙体。

3. 秸秆复合材料 指以秸秆碎料为填料，与无机矿物材料或塑料复合而成的板材，用作建筑材料或包装材料。此外，利用秸秆制造水泥模板也取得了可喜的进展。

目前的秸秆人造板几乎都属于刨花板（碎料板）类产品，即以麦、稻秸秆为原料，以异氰酸酯（MDI）为胶黏剂，参照类似木质刨花板的生产工艺制造板材，产品不含甲醛，性能可以达到木材刨花板的国家标准要求。

（一）技术原理

秸秆刨花板是以麦秸或稻秸为原料，经切断、粉碎、干燥、分选、拌异氰酸酯胶黏剂、铺装、预压、热压、后处理（包括冷却、裁边、养生等）和砂光、检测等各道工序制成的一种板材。

通常情况下，纤维素是决定人造板力学强度的重要因素，纤维素含量高的原料，制成板材的力学强度也高；木质素与人造板的尺寸稳定性有密切的关系，对强度也有一定的影响，木质素含量越高，人造板的尺寸稳定性越好；戊聚糖对人造板的尺寸稳定性会产生不利影响；热水抽提物含量会影响板材的性能，热压时还容易产生粘板现象，灰分含量高会降低板材力学强度。农作物秸秆原料除了灰分和各种抽提物含量较木材原料高以外，影响板材性能的主要因素——纤维素、木质素和戊聚糖的含量与木材基本相似，尤其是麦秸和蔗渣的纤维素含量非常接近木材，秸秆碎料板与木质刨花板的生产工艺相似，但在原料收集贮存、原料处理、胶黏剂遴选、拌胶方法、热压条件、切削加工等方面仍有很多不同之处。

（二）技术流程

农作物秸秆制板的工艺流程可归结为 2 种，即集成工艺和碎料板工艺。

1. 集成工艺 集成工艺流程见图 1-11。

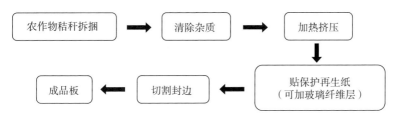

图 1-11　集成板工艺流程

Stramit International 公司（英）是拥有该技术的首家公司，原材料为水稻、小麦秸秆，加工过程不需黏结剂，成品板厚度为 20～80 毫米，主要用作墙体材料（如英国的乡村建房），以代替黏土砖（据统计，我国每年生产黏土砖约 5 000 亿块）。20 世纪 80 年代初，中国新型建筑材料公司从该公司引进 2 条稻草板加工生产线，由于社会对稻草板建房仍有疑虑，加之生产线配套技术管理不及时，故运行状况不够理想。

2. 碎料板工艺　碎料板工艺流程见图 1-12。

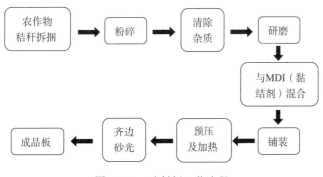

图 1-12　碎料板工艺流程

采用该工艺流程的公司有 COMPAK 公司、VALMET 公司、HYMMEN 公司等，产品可以作为木制板材的替代品，用于家具、地板、包装、建筑等行业，板材厚度为 4～35 毫米，板材的物理性能（防火、防潮、隔热、防霉变）、机械性能（机械加工钻、铣、锯等）及力学性能（MOE、MOR、IB）符合美国 ANSI-A208 及英国 BSEN312 的行业标准，其发展前景广阔。

此外，经过长时间的试验研究和改进完善，由南京林业大学和湖北荆州基立环保板材有限公司以及河南信阳木业机械有限公司联合提出的年产 50 000 米³ 秸秆碎料板的成套技术（包括工艺和设备）已经成熟。生产工艺流程如下：

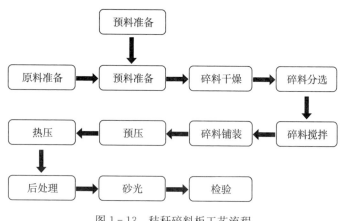

图 1-13 秸秆碎料板工艺流程

（三）技术要点

1. 原料准备 由于稻草体积蓬松，必须配备专门的原料贮场，最好要有遮雨棚，以防淋雨。所堆原料应打成包，整齐堆放。为了防止原料堆垛发生腐烂、发霉和自燃现象，应控制好原料含水率，一般应低于 20%。一条年产 50 000 米³ 稻秸碎料板的生产线，需 4 000 公顷稻田支撑，故原料收集半径较大，一般在乡镇建立原料集中点，设立原料收集经纪人。把工厂贮料分解为乡镇贮料，也可以采用农用拖拉机等运输工具，将散装水稻秸秆直接运入工厂使用。

2. 碎料制备 若为打包原料，需用散包机解包，再送入切草机，将水稻秸秆加工成 50 毫米左右的秸秆单元；若原料为散状，则直接将其送入切草机加工成秸秆单元。原料单元往往借助专门装置去除草叶或沙砾。为了改变原料加工特性，可以对稻秸秆进行处理，一般可以采用喷蒸热处理。工艺上通常用刀片式打磨机将秆状单元加工成秸秆碎料，若借用饲料粉碎设备时，要注意只能用额定生产能力的70％进行工艺计算。打磨机底筛网孔可以为圆孔或条形孔，圆孔直径为5～8毫米。

3. 碎料干燥　打磨后的湿碎料需经过干燥将其含水率降低到一个统一的水平。由于水稻秸秆原料的含水率不太高，此外，使用MDI胶时允许在稍高的含水率条件下拌胶，故干燥工序的压力不大，生产线上配备1～2台转子式干燥机即可。

4. 碎料分选　干燥后的碎料要经过机械分选（可用机械振动筛或回转滚筒筛），最粗的和最细的均去除，可用作燃料，中间部分为合格原料，送入干料仓。

5. 拌胶　试验表明，改进后的环式拌胶机更适用于秸秆碎料板拌胶。生产中采用异氰酸酯作为胶黏剂，施胶量为4％～5％。若采用滚筒式拌胶机，要力求拌胶均匀。为防止喷头堵塞，在每次停机后均需用专门溶剂冲洗管道和喷头。拌胶时还可以加入石蜡防水剂和其他添加剂。拌胶后的碎料含水率控制在13％～15％。

由于异氰酸酯易粘板，故在本工艺方案中采用了以下方法脱模，即：①在板坯上下铺装无胶粉料隔离层；②在垫板和压机表面涂刷脱模材料；③在板坯上下表面施加脱模剂。

6. 铺装　生产线配有三组铺装头。其中，最外侧的两个铺装头实际上不铺装秸秆碎料，只铺装用作脱模隔离层的不施胶的粉末，内侧的两个铺装头用于铺装表层细料，芯部的铺装头用于铺装芯层碎料。铺装头采用机械式结构，与木质刨花铺装头没有什么区别。需要注意在板坯宽度方向上铺装密度的均匀性，同时要防止板坯两侧塌边。

7. 预压和板坯输送　为降低板坯厚度和提高板坯的初强度，生产线上配备了连续式预压机，在流水线中，采用了平面垫板回送系统。

8. 热压　生产线中采用了配备有快速闭合系统的十层大幅面（4′×16′）热压机。热压温度保持在200℃左右，单位压力在2.5～

3.0 兆帕，热压时间控制在 20～25 秒/毫米。

9. 后处理 后处理包含冷却、裁边和幅面分割。其工艺要求与生产木质刨花板无异，经过必要时间后的产品采用定厚砂光机进行砂光，保证板材厚度符合标准规定的要求。

10. 检验 用国产化秸秆碎料板生产线制造的产品其物理力学性能符合我国木质刨花板标准的要求，甲醛释放量为零。

由于总产量尚不高，市场上还较少见到秸秆碎料板。目前，这种新产品的用途主要集中在以下两个方面：①室内装饰，主要用作墙板和吊顶材料；②家具制造，可以替代木质中密度纤维板或刨花板生产各种家具。用秸秆碎料板装饰的房间，室内空气中无甲醛污染，制成的家具也不存在甲醛气味侵害，因而深受用户的欢迎。据了解，有些国家对入境木质产品的甲醛释放量有比较苛刻的要求，这为秸秆碎料板的出口创造了条件。

（四）注意事项

1. 原料含水率要控制 通常储存的原料含水率在 10％左右，当年送到工厂的麦秸秆原料含水率在 15％左右。由于使用异氰酸酯胶黏剂，允许干燥后的含水率稍高，为 6％～8％，这就表明水稻秸秆原料的干燥负载不大，一般仅相当于木质刨花板生产的 40％～50％。所以，要根据具体情况设计干燥系统和进行设备选型，以避免造成机械动力、能源和生产线能力的浪费。

2. 原料的收集、运输和贮存 收集问题：秸秆是季节性农作物剩余物，地方小造纸厂、以秸秆为原料的生物发电厂和秸秆板企业之间经常存在争夺原料的问题，如果没有地方政府行政干预，单凭秸秆板厂独立运作，很难实现计划收购。运输问题：秸秆的特性是蓬松、质轻、易燃，即便打捆后运输也十分困难，如果秸秆运输半径大于 50 千米，则运输成本会大大增加。贮存问题：农作物秸秆含糖量比较高，因此易发生霉烂，不利于秸秆储存。

3. 生产过程中脱模问题 胶是秸秆板制造的核心，会直接影响板材的性能。最初采用传统木材刨花板的生产工艺，用脲醛树脂生产秸秆板，由于秸秆碎料表面的蜡质层会影响胶合，导致板材性能较差。秸秆人造板生产使用异氰酸酯作为胶黏剂，虽然解决了脲醛树脂胶合不良的问题，但同时也存在热压表面严重粘板的问题。目前国内解决粘板问题的方法主要为脱模剂法、物理隔离法和分层施胶法，其中脱模剂法是比较普遍采用的方法，包括下面两种：一是将脱模剂喷涂于垫板和板坯表面的外脱模法；二是将脱模剂混合于异氰酸酯中的内脱模法。物理隔离法主要采用牛皮纸覆于板坯上下表面，通过隔离达到脱模效果。分层施胶法是将板坯上下表层的碎料使用脲醛树脂胶黏剂，中间层用异氰酸酯胶黏剂，以达到脱模的目的。此外，也有在板坯表面铺撒未施胶的细小木粉，隔离异氰酸酯胶与热压板和垫板的接触，从而达到脱模的效果。

4. 施胶均匀性问题 秸秆板以异氰酸酯为胶黏剂，考虑到异氰酸酯的胶合性能及其价格，施胶量一般控制在 $3\%\sim4\%$，约为脲醛树脂施胶量的 25%。然而秸秆刨花的密度仅为木质刨花的 $20\%\sim25\%$，要使如此小的施胶量均匀地分散于表面积巨大的秸秆刨花上非常困难。目前生产实践中采用如下两种施胶方法：一种是采用木刨花板拌胶机的结构，加大拌胶机的体积，以保证达到产量和拌胶均匀的要求；另外一种是采用间歇式拌胶的方法，使得秸秆刨花在充分搅拌情况下完成施胶过程。

5. 板材的养生处理及运输问题 秸秆刨花板往往热压后含水率偏低，置于温湿差异较大的环境中，过一段时间后，会吸湿膨胀而发生翘曲变形（薄板更为明显）。为了克服这种现象，需要对板材进行养生处理，消除板材内应力，均衡含水率，消除板材翘曲变形。因异氰酸酯树脂胶黏剂的初黏度较差，加之秸秆刨花表面光滑，导致铺装好的板坯运输强度低，容易造成散坯，影响板坯运输。

（五）适宜区域

秸秆人造板材技术适用于全国粮食主产区及周围，即农作物秸秆资源量较大的区域，如河北、湖北、江苏、黑龙江、山东、四川、安徽等地。近年来我国建成年产 1.5 万米^3、5 万米^3 的秸秆板生产线 10 余条，初步形成了农作物秸秆人造板产业。

（六）效益测算

目前，我国秸秆人造板产能超过 100 万米^3，约占人造板总产量的 1%，品种包含稻草纤维板、秸秆刨花板、草木复合纤维板、秸秆塑料复合材料等。

截至 2005 年，我国已经建成的工业化生产线有 4 条：

（1）湖北荆州基立新材料有限公司，年产 50 000 米^{3}秸秆碎料板生产线，采用"南林大和基立"技术，由信阳木工机械有限公司提供设备。

（2）江苏淮安鼎元科技发展有限公司，年产 50 000 米^{3}秸秆碎料板生产线，采用"南林大和基立"技术，由信阳木工机械有限公司提供设备。

（3）四川成都国栋集团，年产 50 000 米^{3}秸秆碎料板生产线，采用国外技术，由美卓公司提供设备。

（4）上海康拜环保有限公司，年产 15 000 米^{3}秸秆碎料板生产线，采用英国技术，由国外和国内联合提供设备。

以上 4 条生产线总设计能力 16.5 万米^3，所用原料均为麦秸和水稻秸，以异氰酸酯为胶黏剂，产品主要用作建筑墙体、室内装修、家具制造和包装材料等。以年产 5 万米^{3}秸秆人造板的生产企业为例，总投资（不含土地价格）约 5 000 万元，年销售收入 9 000 万元，年利税约 1 500 万元，农民秸秆收入（含运费）1 875 万元。

2009 年陕西省杨凌农业高新技术产业示范区还建成一条年产 6 万米^{3}的定向结构麦秸板（OSSB）国产连续压机生产线。但就总体而言，国内外秸秆人造板生产目前尚处于初级阶段，产品品种有待开发，产品性能有待提高，生产成本有待降低，产品应用有待扩展，市场销售有待开拓。

二、秸秆复合材料生产技术

秸秆复合材料统称为木塑复合材料，也有将其称之为：塑木、生态木或合成木，其标准英文名称为 Wood & Biofiber Plastic

Composites，业内通称为WPC。目前应用较多的秸秆复合材料/制品有结构类、装饰类、日用类和特型类等几大类型，包括线材、片材、板材、管材、型材和异型材等多种系列，其适用范围几乎可以涵盖所有原木、塑料、塑钢、铝合金及其他相似复合材料现在的使用领域，已开始进入建筑、装饰、家具、物流、包装、园林、市政、交通、环保、体育、军事等行业。由于秸秆复合材料具有天然的资源和环保优势，符合绿色发展、循环发展和低碳发展要求，已成为目前各级政府扶持发展和提倡应用的绿色环保材料，北京奥林匹克运动会组织委员会、上海世界博览会以及伦敦奥运会亦推荐和选用秸秆复合材料作为场馆、设施建筑用材，木塑复合材料的发源地北美地区和欧盟国家，亦在重新评价该类复合材料的应用价值。可以说秸秆复合材料已经成为目前生物质复合材料中最为活跃的一个分支，代表了生物质复合材料发展的一个重要方向和趋势。

秸秆复合材料的综合优势有以下几点：

1. 原料资源化　包括农作物秸秆、枝叶、壳皮在内的大量初级且低廉的生物质材料以及大量回收的废旧塑料均可作为其原料，充分体现了对低值甚至负值生物质资源的有效利用和高效利用，符合新材料环保化资源化的发展要求。

2. 制备可塑化　秸秆复合材料及其制品系人工合成，拥有多种加工方式和工艺技术，理论上可以制作成任何规格、形状或颜色，产品制造的自由度空间能够在很大程度上满足用户和市场的不同需求，为其多元化、规模化应用提供了很大的可能。

3. 产品生态化　秸秆复合材料的原料来源可选可控，合格的原、辅料清洁安全，产品生产过程和实际应用中均无毒害物质产生，且一般无须外部涂装粉饰，是目前人造建筑材料中最具环保元素的绿色产品，其整个生命周期均清洁环保。

4. 应用经济化　秸秆复合材料具有成材利用率高、维护费用低、使用寿命长、应用领域广等特点，与其性能较为接近的高、中端天然木材相比，其制造和使用成本，特别是在长期使用成本上，占有较大优势。

5. 再生低碳化 秸秆复合材料及其制品理论上可以不用一寸木材制成，既能够利用大量城市垃圾，也能够节省石油资源和保护森林资源。而其自身的固碳效益以及回收再生利用的优点，对减少环境影响有着良好的示范作用和巨大的经济价值。

（一）技术原理

秸秆复合材料就是以可再生秸秆纤维为主要原料，配混一定比例的高分子聚合物基料（塑料原料），通过物理、化学和生物工程等高技术手段，经特殊工艺处理后，加工成型的一种可逆性循环利用的多用途新型材料（图1-14）。这里所指秸秆类材料包括麦秸、稻草、麻秆、稻壳、棉秸秆、葵花秆、甘蔗渣、大豆皮、花生壳和板栗壳等，均为低值甚至负值的生物质资源，经过筛选、粉碎、研磨等工艺处理后，即成为木质性的工业原料，业内通称为木粉，所以秸秆复合材料也称为木塑复合材料。用于秸秆材料复合加工的塑料原料可以是热固性塑料，如酚醛树脂、胺基树脂、环氧树脂等，也可以是热塑性塑料，主要有尼龙（PA）、聚乙烯（PE）、聚丙烯（PP）、聚苯乙烯（PS）、聚氯乙烯（PVC）以及丙烯腈－丁二烯－苯乙烯共聚物（ABS）等，包括新料、回收料以及二者的混合料。由于木质纤维热稳定性较差，所以加工温度在200℃以下的热塑性塑料在生产中被更广泛地采用。应用实践中，聚乙烯、聚丙烯基材主要用于非发泡类的户外建筑制品；聚氯乙烯基材则主要用于发泡类室内装饰建筑材料。

图1-14　秸秆复合材料产品及应用

按照目前的相关标准，以秸秆为基料添加一定比例的塑料原料制成的材料，或以塑料为基料添加一定比例的秸秆材料制成的材料，均可称为秸秆复合材料。应该引起注意的是，目前植物纤维塑化技术发展很快，对塑料基料的依赖性有逐渐降低之势，而废塑料原料混炼技术也有一定的突破，这样秸秆复合材料中生物质原料的优势可能更加突出。从秸/塑两相目前在生产中的配混比例来看，从 5：5、4：6 到 3：7 的都有，有试验表明，秸秆复合材料中秸秆纤维含量最高可达 85％，其成品仍能保持较好的质量和性能。

秸秆复合材料制造技术早期脱胎于塑料行业，但作为一个具有边缘性、多方位、专业化特点的新兴材料，其装备、技术和工艺涉及化学工程、精细化工、精密机械、液压传动、真空技术、热力传导、流体力学、传感技术、电子自控、微机编程及物理、化学等专业和学科，其工艺绝不仅仅是塑料加工工艺的简单复制或延伸。过去有一些人因为秸秆复合材料具有热塑性塑料的某些加工特点，认为用普通的塑料加工设备稍加改进后便可进行秸秆复合材料的成型加工。经过几年的研发应用证明：秸秆复合材料作为具有独立特性的新型材料，不仅需要较高的工艺技术支撑，其加工难度也远远超出普通塑料制品，它不仅需要科学的配方体系，也需要专业的加工装备，还需要与之适应的产品体系。随着国内秸/塑成型技术及装备的逐渐成熟，现在秸秆复合材料制备技术已经基本摆脱对国外技术的依赖。

（二）工艺流程

秸秆复合材料工业化生产中所采用的主要成型方法有：挤出成型、热压成型和注塑成型三大类。由于挤出成型加工周期短、效率高、设备投入相对较小、一般成型工艺较易掌握等因素，目前在工业化生产中与其他加工方法相比有着更广泛的应用。本处介绍以挤出型非发泡类秸秆复合材料制造技术作为基本平台。从加工程序上分类，它可分为一步法和多步法；从加工形式上分类，它可分为热流道牵引法和冷流道顶出法。一步法是将复合材料的配混、脱挥及挤出工序合在一个设备或一组设备内连续完成；多步法则是把复合材料的配混、脱挥和挤出工序分别在不同的设备中完成——即先将原料配混制成中介性粒料，然后再挤出加工成制品。热流道牵引法主要用于以聚氯乙烯（PVC）为基料的发泡类室内装饰产品系列；而冷流道顶出法则多用于以聚乙烯（PE）、聚丙烯（PP）为基料的非发泡类户外建筑产品系列。图1-15是秸秆复合材料两步法挤出成型工艺流程简图。

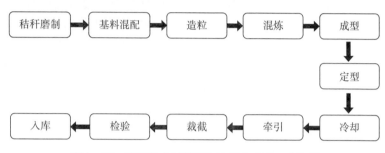

图1-15　秸秆复合材料两步法挤出成型工艺流程

秸秆复合材料加工的关键技术是如何保证秸秆纤维粉体在高填充量的前提下仍有较高的流动性和渗透性，从而促使塑料熔体能充分地与纤维粉体黏接，达到共同复合的力学性能及其他方面的使用性能，最终用较低的原料成本制造出具有较高的使用性能和价值的制品。根据秸秆复合材料的加工工艺特点，在制品成型过程中必须重视并解决以下3个方面的问题：①如何提高木粉与塑料之间界面的相容性，强化并保证混炼效果，即材料配方问题；②如何保持稳定加料、有效脱挥、提高木粉亲和性能及适当的成型压力，即设备性能问题；③如何将成型模具的设计与冷却定型的一致兼顾，即成型冷却问题。

按照目前的产业实践，秸秆复合材料的产业链应由下列核心单项技术构成，最终形成一个较为完整的材料制造技术集成系统，以保证企业发展的均衡和强大的产品竞争力：

（1）秸秆纤维系列粉体材料制备技术。

（2）秸秆复合材料专用粒料制备技术。

（3）PVC基微发泡系列型材生产技术及装备制造。

（4）聚烯烃基高强度系列型材生产技术及装备制造。

（5）发泡/非发泡木塑系列功能板材生产技术及装备制造。

这些技术不仅能够立即应用于生产实际，而且都具有较大的拓展空间，代表了生物质复合材料以及产业的总体发展方向，不仅能够得到国家有关部委的积极支持，还可以充分发挥产业集团的引领作用，保证参与企业在该领域较为长期的技术领先地位。

（三）设备选型、工艺参数

秸秆复合材料的加工方式表面上与塑料加工方式基本没有什么区别，主要设备外观似乎也大致相同，但实际上秸秆复合材料的加工工艺要求及参数与塑料加工相距甚远。由于目前国内仍然没有专业的秸秆复合材料装备生产厂家，所以秸秆复合材料生产装备一般来说还是要从塑料设备生产厂家采购，但其工艺参数不同，装备配置和结构也有相应变化。

目前可用于秸秆复合材料挤出成型的设备主要是螺杆挤出机。它是能将一系列化工基本加工单元和过程（如固体输送、增压、熔融、排气、脱湿、熔体输送和泵出等物理过程）集中在挤出机内的螺杆上来进行的机器，又分为单螺杆挤出机和双螺杆挤出机。

1. 单螺杆挤出机 单螺杆挤出机作为一种常见的挤出设备，通常是完成物料的输送和塑化任务。在其有效长度上通常分为三段，按螺杆直径大小、螺距、螺深来确定三段有效长度，一般按各占1/3划分。但是，由于秸秆复合材料原料构成的特殊性，单螺杆挤出机在秸秆复合材料挤出中受到较大限制，必须采用特殊设计的螺杆，使螺杆具有较强的原料输送和混炼塑化能力，才能适应生产需求。

我们可以从挤出机的输送段、压缩段和计量段来对单螺杆挤出机原理做一个分析。进料口最后一道螺纹开始叫输送段。物料在此处要求不能塑化，但要预热、受压和挤实，过去传统挤出理论认为此处的物料是松散体，后来通过证明此处物料实际是固体塞，就是说在这里物料受挤压后已经成为一个固体，像塞子一样，因此只要完成输送任务就实现了它的功能。第二段叫压缩段。该段螺槽体积由大逐渐变小，并且温度要达到使物料塑化的程度，在此处，将输送来的固体物料体积压缩至原来体积的1/3，这就是螺杆的压缩比3∶1（不同产品性能要求使设备有所变化），物料在这里完成绝大部分塑化压缩。完成塑化的物料进入到第三段。第三段是计量段。此处物料保持塑化温度，还要像计量泵那样准确、定量输送熔体物料，以供给机头（模具）实现产品成型，此时温度不能低于塑化温度，一般是略高一点。由于单螺杆机塑化能力所限，在实际应用中更多被用来做造粒挤出设备。

不可否认的是，单螺杆挤出机无论是作为塑化造粒机械还是成型加工机械都仍然占有重要地位。近几年来，单螺杆挤出机也有很大的发展。其主要标志在于其关键零件——螺杆的发展。近几年以来，人们对螺杆进行了大量的理论和试验研究，至今已有近百种螺杆，常见的有分离型、剪切型、屏障型、分流型与波状型等。从单螺杆发展来看，尽管近年来单螺杆挤出机已较为完善，但随着高分子材料和塑料制品的不断发展，还会涌现出更有特点的新型螺杆和特殊单螺杆挤出机。总体而言，单螺杆挤出机还在向着高速、高效、专用的方向发展。

2. 双螺杆挤出机　相比于单螺杆挤出机，双螺杆挤出机能使熔体得到更加充分的混合，因此应用更广泛。双螺杆挤出机依靠正位移原理输送和加工物料，它又可分为平行双螺杆挤出机和锥型双螺杆挤出机。平行双螺杆挤出机可以直接加工木粉或植物纤维，可以在完成木粉干燥后再与树脂熔融分开进行。锥型双螺杆挤出机与"配混"型设备比，其锥型螺杆的加料段直径较大，可对物料连续地进行压缩，可缩短物料在机筒内的停留时间，而计量段直径小，对熔融物料的剪切力小，这对于加工热塑性秸秆复合材料而言是一大优势，故被称之为低速度、低能耗的"型材"型设备。

传统双螺杆挤出机的机筒基本都是整体式的，无法直接打开，给维修、检查增加了很多麻烦。经过大量摸索实践，现在大部分双螺杆挤出机的机筒都改为了剖分式。剖分式双螺杆挤出机主机的螺杆、机筒均采用先进的"积木式"设计。机筒由上下两部分组成，下半机筒固定在机架上，上半机筒通过蜗轮减速器连接在下半机筒上。平时上半机筒和下半机筒用两排螺栓拴紧，需要打开机筒时，只需松开螺栓，将蜗轮箱手柄转动即可开启机筒。

螺杆则是由套装在芯轴上的各种形式的螺块组合而成，筒体内的内衬套根据螺块的不同可以调整，从而根据物料品种等工艺要求灵活组合出理想的螺纹元件结构形式，实现物料的输送、塑化、细化、剪切、排气、建压以及挤出等各种工艺过程，从而较好地解决了一般难以兼顾的螺杆通用性与专用性的矛盾，达到一机多用、一机多能的目的。"积木式"设计的另一优点是对于发生了磨损的螺杆和筒体元件可进行局部更换，避免了整个螺杆或筒体的报废，大大降低了维修成本。

挤出设备主生产线推荐：

（1）设备型号：MSSZ 65/132 锥型双螺杆生产线。原料：聚乙烯（30％）＋秸秆粉体（55％）＋无机填料（15％）；转速：1～36 转/分；产成品合格率 99％以上；理论产量：120 千克/时以上，实际产量：50～80 千克/时；主电机功率：37 千瓦，实际能耗：60 安，约 20 千瓦时；最大幅面宽度：300 毫米；材料抗弯强度达到 25 兆帕以上，弯曲弹性模量达到 2.6 吉帕以上。

（2）设备型号：MSSZ 80/156 锥型双螺杆生产线。原料：聚乙烯（30％）＋秸秆粉体（70％）＋无机填料（15％）；转速：1～17 转/分；产成品合格率 99％以上；理论产量：400 千克/时以上，实际产量：150～200 千克/时；主电机功率：55 千瓦，实际能耗：60 安，约 35 千瓦时；最大幅面宽度：900 毫米；材料抗弯强度达到 25 兆帕以上，弯曲弹性模量达到 2.6 吉帕以上。

此外，挤出机头和冷却定型系统也是关系到挤出制品质量的重要部件。由于秸秆复合材料的特殊性及纤维粉体的高填充量，使挤出物料流动性差且不易冷却，常规的模具和定型设备无法满足产品的需要，这使得机头的设计除了保证流道设计的圆滑过渡与合理的流量分配外，还需要对机头的建压能力与温度控制精度进行重点考虑，并合理布置机头的加热冷却装置，使其冷却速度快，精度高，能保证产品质量和产量（一般由挤出速度决定）。

剖分式双螺杆挤出机的主要优点：

（1）高转速。目前，世界上双螺杆挤出机的发展趋势是向高扭矩、高转速、低能耗方向发展，高转速带来的效果即高生产率。剖分式双螺杆挤出机即属于这个范畴，它的转速最高可达 500 转/分，可实现高产量、高质量和高效率。

（2）高速啮合式主机双螺杆。主机双螺杆为高速啮合式，在各种螺纹及混炼元件中可发挥强烈而复杂的物料传递交换、分流掺和以及剪切啮合等作用。这些作用可通过改变螺杆构型及操作工艺条件，实现充分自如的调节控制。

（3）精准计量的加料方式。准确的计量、合理的加料方式是严格执行配方的关键，也是保证产品质量的第一关，根据物料的性能和用户需要，可配备多种喂料方式，如体积计量、动态失重计量等，以满足不同产品的需要。

（4）先进的控制系统。该挤出机可配置先进的控制系统，保证质量，灵敏度高。主机的运转参数如电流、电压、温度及扭矩等都很直观，所以操作起来非常方便，对操作工的要求也不高。

（5）便于直观了解易损件的磨损情况。由于打开方便，所以能随时发现螺纹元件、机筒内衬套的磨损程度，从而进行有效维修或更换。不至于在挤出产品出现问题时才发现，造成不必要的浪费。

（6）可适当降低生产成本。如果有必要更换产品，在数分钟时间内打开开启式的加工区域，另外还可通过观察整个螺杆上的熔体剖面来对混合过程进行分析。譬如制造母粒时，经常需要更换颜色，剖分式双螺杆挤出机更换颜色时，只要几分钟时间就可快速打开机筒，进行人工清洗，这样就可不用或少用清洗料，节约了成本。

（7）提高劳动效率。在设备维修时，普通的双螺杆挤出机经常要先把加热、冷却系统拆下，然后再整体抽出螺杆。而剖分式双螺杆则不用这样麻烦——只要松开几个螺栓，转动蜗轮箱手柄装置抬起上半部分机筒，即可打开整个机筒，然后进行维修，这样既缩短了维修时间，也降低了劳动强度。

（四）挤出生产线及混/配料系统技术操作要点

1. 挤出生产线

（1）机前巡检。为了避免人为疏忽而导致质量不稳定或中途停机，在开机前必须做好巡检工作并做好所有交接记录。

①检查循环水路是否畅通。

②检查制冷系统能否正常工作。

③检查气路是否畅通以及所能提供的额定气压。

④检查牵引机能否正常运转。

⑤检查切割机能否正常裁切，切割气缸是否清洁，有无需要加润滑油等。

（2）模具安装。按《模具装卸及保养实施细则》，正确地装上目标模具，并将挤出模具和定型模具调整至同一中心位置。

（3）预热。根据挤出机和秸秆复合材料的生产特性，生产前必须对挤出机的机筒和模具进行加热。

①打开主机电源和温控仪开关，将各区的温度值设定为目标值，开始对机筒和模具进行加热。

②当实际温度值达到设定温度值时，需保温 40 分钟。

③在预热的过程中，应密切注意观察加热器的电流表，判断每区加热片是否正常工作，若不相符应立即断开电源，检查维修，直至正常为止。

（4）开机。在上述检查及各工序确认无误后，准备开机。

①打开电机电源和变频调速器开关，将螺杆转速调整至 5 转/分左右，让其空转 2 分钟，观察有无异响、异常情况。

②启动下料电机，将下料转速调整至合适的转速。

③观察主电机电流表，判断电机是否在负荷范围内正常运转。

④观察料筒，有熔坯流出时，应及时分析熔坯的塑化程度，以便于调整机筒或模具的工艺温度。

⑤在主机电流表允许范围内，逐步调整变频调速器，以加快主机转速。

⑥当出料软化后，按《模具装卸实施细则》，再次检查模具状况。

⑦一般来说，在开机 30 分钟后，可以把螺杆转速稳定在一个范围内，一般为 10～25 转/分（根据不同产品而定）。

⑧在上述过程的同时，应将熔坯经过冷却水，牵出至牵引机上。

⑨打开牵引机，调整履带压力让牵引机牵引熔坯正常运行。

⑩调整牵引机速度，以能够合上定型模具为准。

⑪合上定型模具，拧紧螺丝。

⑫打开真空泵，并将真空压力调至适当的压力。

⑬调整牵引速度，以熔坯能够完全定型为准。

⑭在上述过程的同时，应打开切割机，调整切割时间、翻板时间，让切割机自动感应裁切。

⑮观察挤出的熔坯及成型的情况，再进行适当的工艺调整。

⑯调整切割机的定长感应器，将成品的裁切长度切割成工艺要求的长度。

⑰开机时应密切注意各处电流表变化情况，以判断各类电器是否在正常运行。

⑱开机时应定时做好工艺记录，认真填写《工艺记录表》。

（5）停机。当一个工作时段结束或其他原因需要停机时，准备停机。

①关闭下料电机，并在下料口放下清机料。

②降低主机螺杆转速至 5 转/分。

③将机筒的余料全部排完，并将转速调至 0。

④关闭模具部分的温控仪开关。

⑤按《模具装卸实施细则》拆下模具。

⑥将机筒各处的温度设定为 80℃左右，让机筒冷却风机迅速将机筒吹冷。

⑦关闭真空泵和制冷系统。

⑧关闭牵引机和切割机。

⑨当模具拆下后，将螺杆转速调至 5 转/分左右，再次将机筒的余料清洁干净。

⑩必须在关闭制冷系统 5 分钟后，才能关闭水泵。

（6）记录。一个班次结束，应按《机械保养实施细则》对机台进行清洁和保养，并清扫环境卫生，填写《生产报表》和《工艺记录表》。

（7）交班。按交接班制度交班或按作息制度下班。

2. 混/配料系统

（1）开机前巡检。

①打开水泵及闸阀，检查冷却水循环系统，检查气压是否正常。

②打开气泵，检查热混和冷混锅盖是否能顺利打开和关闭。

③将每天需加润滑油的地方加油 1 次。

④将热混和冷混放料口都调整至关闭状态。

（2）生产过程控制。

①松开热混锅盖固紧螺丝，将控制台面的热混锅盖控制按钮调至"开"的位置；打开热混锅盖，并将锅盖沿气缸为轴心移至另一边，将原材料放入热混锅内。

②将锅盖沿气缸为轴心移回原位，将控制台面的热混锅盖控制按钮调至"关"的位置；关闭热混锅盖，拧紧热混锅盖固紧螺丝，准备原料热混。

③按下控制台面的低速混合启动按钮，此时低速混合绿色指示灯亮，电机开始低速运行；低速热混 2 分钟后，按下控制台面的高速热混启动按钮，将混合状态直接从低速切换到高速，高速混合绿色指示灯亮，低速混合指示灯灭，此时电机开始高速运转。

④观察热混放料温控表上显示的温度，当温度达到设定的放料工艺温度时，准备放料。

⑤按下控制台面的热混"停止"，此时高速热混停止，再次按下控制台面的低速热混按钮，将混合状态切换到低速热混。

⑥检查热混放料防护袋是否系紧，按下控制台热混放料"开"，此时热放运行绿色指示灯亮，热混放料口被打开，混合完毕的料会

自动放到冷混锅内。

⑦迅速按下控制台面的冷混启动按钮，启动冷混主电机，将原料在冷混锅内迅速冷却。

⑧冷混锅的温控表指示达到放料工艺温度时，准备放料。

⑨按下控制台面的冷混放料开按钮，打开冷混放料口，将原料放至指定的容器内。

⑩估计热混锅内原料放完时，关闭热混运行。

⑪当冷混锅内温度达到放料工艺温度时，准备放料。

⑫按下控制台面的冷混放料"开"，此时，冷排运行绿色灯亮，冷混放料口打开，原料将自动排到容器内。

（3）生产记录。

①按要求停机和做好生产日报表，搞好当班卫生。

②按要求做好一切异常情况登记及排除过程和人员记录。

（五）注意事项

（1）与加工塑料比，秸秆复合材料生产有许多新的特性和要求，比如要求螺杆要能适应更宽的加工范围，对纤维切断要少，塑料原料处于少量时仍能使木粉均匀分散并与其完全熔融；由于木质材料比重小、填充量大，加料区体积要比常规型号的大且长；若木粉加入量大，熔融树脂刚性强，还要求有耐高背压齿轮箱；螺杆推动力强，应采用压缩和熔融快、计量段短的螺杆，确保秸秆粉体停留时间不至于过长等。同时，秸秆复合材料在加工过程中的纤维取向程度对制品性能有较大的影响，所以必须要合理设计流道结构，以获得合适的纤维取向来满足制品的性能要求。此外，秸秆复合材料制品在相同强度要求下，厚度要比纯塑料制品大，且其多为异型材料，截面结构复杂，这使得其冷却较为困难，一般情况下采用水冷方式，而对于截面较大或结构复杂的产品，就需采用特殊的冷却装置和方法。

（2）不管采用任何一种加工方式，模具于秸秆复合制品的制造来说都是不可或缺的。基于秸秆复合材料的热敏感性，其模具一般采用较大的结构尺寸以增加热容量，使整个机头温度稳定性得以加强；而沿挤出方向尺寸则取较小值，以缩短物料在机头中的停留时间。除了选取形状合理的模具和准确的参数，模具表面的处理也十分重要，因为其关乎使用寿命和产品精度，特别是在挤出成型的加工方式中。

（六）适宜区域

（1）严格意义上讲，中国的秸秆纤维原料从分布来讲，可以说是遍布全国各地，基本没有空白地区可言。但在秸秆复合材料生产/销售的实际操作中，真正达到产业化应用要求还面临着许多实际困难。所以，应在相关单位的指导下，按照市场化原则合理利用资源，譬如不宜在生物质能源发电的地区建厂，以免造成原料价格无序攀升。

（2）秸秆复合材料的另一个特点是材料与制品的界限比较模糊，比如其板材可以单独作为栈道铺板，也可以仅作为家具基材。从当前的技术水平、发展趋势以及经济价值和推广应用来看，国内相关企业近期应该在以下领域开始规模化拓展：门/窗、家具、饰材、集成房屋和多功能板材。

（七）效益测算

安徽国风木塑科技有限公司成立于 2004 年 3 月，是一家专业从事科研、生产、加工、销售秸秆环保新材料的资深高新技术企业，是国有上市企业安徽国风塑业股份有限公司的全资子公司。公司位于合肥市包河工业区，占地 20 万米^2，是国内唯一一家规模化引进欧洲全自动化的厂家，可形成 3.5 万吨以上的生产能力，现为国内最大的木塑产业基地之一。其木塑项目先后被列为国家发改委重点支持项目、安徽省"861"项目和"115 创新团队"建设项目等；参与了北京奥林匹克运动会、上海世界博览会、伦敦奥林匹克运动会等一系列重大工程项目建设。通过与中外研发机构/企业全面的合作与交流，国风公司现已形成了自己的核心技术，研制出100 多个品种的木塑产品，产品物理力学指标已达国内领先水平。

南京旭华圣洛迪新型建材有限公司创建于 2010 年，是一家集秸秆复合材料及制品研发、生产、销售、设计及应用实践为一体的高科技民营企业。公司吸纳了大量行业精英人才，对木塑材料进行了深入研究，采用国内最先进的生产设备和检测仪器，产品设计独特、木质感强、耐久性好，畅销海内外。公司引进国外先进的生产模式，充分利用在原材料供应、产品研发设计、挤出加工、注塑成型等方面的产业链整合优势，生产出国内超高性价比的新型复合材料——金刚木，已通过 SGS 认证和 ASTM 标准测试。公司总部设在南京，在南京和淮安分别建立了两处大型挤出制品生产基地，年生产能力超万吨。

安徽龙格装饰材料有限公司为科居新材集团公司 2010 年在安徽池州建设的秸秆复合材料挤出生产基地，占地超过 8 公顷，现拥有近 50 条木塑挤出生产线，400 多套各类木塑挤出模具，年产 20 000 吨各类发泡型装饰用秸秆复合材料，销售额在国内同行中名列前茅。同时应客户要求，合作开发不同类型和使用场合的木塑材料，成为广大客户的 OEM、ODM 伙伴。近期由其专业市场销售企业——杭州科居装饰材料有限公司创制的"科居室内整体快装系统"推出后大受好评，产品目前供不应求，为近年环保装饰材料所罕见，系生物质新材料行业最成功的企业之一，也是秸秆复合材料的推广先锋。

山西格瑞环保设备有限公司成立于 2008 年 10 月，是一家集秸秆复合材料原料研发生产、成品设计、制品生产和营销于一体的集团公司。格瑞公司是目前中国国内 PVC 秸秆复合材料生产厂家中唯一自主生产专用秸秆纤维粉体的企业，就地取材质量可控。"格瑞生态木"采用专业生产设备，配套各类型模具，以线条、板条、板材和异型材为主，生产发泡型 PVC 型材共 8 个系列 90 多个种类，有木质吸音板、外墙板系列、室内墙板系列、户内/外地板系列、木塑制品组配系列，也可组合配套生产百叶窗帘/窗扇、遮阳系列及空调外罩等产品，其使用范围广泛，技术成熟，安装简便，深得用户好评。

三、秸秆清洁制浆技术

按照时间顺序，我国依次出现了磨石磨木浆、压力磨石磨木浆、高温磨石磨木浆、盘磨机械浆、预热盘磨机械浆等一系列超过二十种的高得率制浆方法。

随着时代的发展，人们对环境的要求越来越高，制浆工艺与时俱进，由制浆的"五高两低"的现象，逐渐发展为"五低两高"（"五"指物耗、能耗、水耗、污染和时间；"两"指质量和产量），从最初的传统制浆到现在的有机溶剂制浆、生物制浆和氧碱制浆等。图 1-16 涵盖了我国主要制浆工艺。

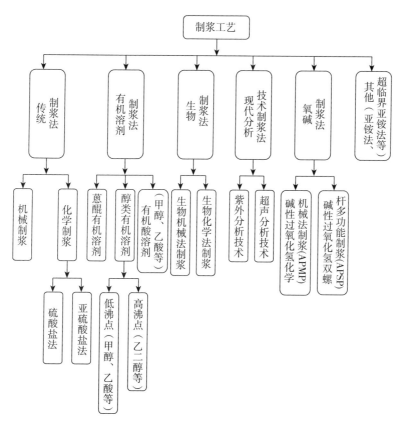

图 1-16 主要制浆工艺

制浆是造纸过程中能耗、水耗、排污最大的工段，传统制浆式序为：切草、除尘、装球、蒸煮、挤浆、磨浆（高浓和中浓各 1 次）、配浆、漂洗。挤浆后的废液经纤维回收，污水处理后排放。由于废液中含糖、木质素盐、过量碱等，废水稠度大是污水处理成本高的根本原因。为了使非木纤维制浆达到"五低两高"的要求，不仅同一种类的制浆方法可以相互结合，不同类型的制浆工艺可根据其优缺点两两或更多种结合，如生物化学机械制浆，在磨浆中加入白腐菌，不仅可以节省大量能量，还能改善纸浆的各种性能。经过十几年的艰苦努力，秸秆等草类原料制浆的清洁生产技术得到了突破性进展，基本解决了草类制浆的关键难题。

秸秆清洁制浆技术是对传统秸秆制浆工艺的革新，其目标是以资源减量化、废物资源化和无害化，或废物消灭于生产过程中为原则，以高效备料、蒸煮等技术手段实现秸秆纤维质量的提高和生产过程污染物产生的最小化和资源化。清洁制浆工艺路线从生产源头上来防治，不产生黑液污染，符合"清洁生产"理论和国家推行的"清洁生产"政策。

目前根据技术方法的不同，可将清洁制浆技术归纳为有机溶剂制浆技术、生物制浆技术、热磨机械技术、DMC（digesting with material cleanly）清洁制浆技术以及制浆废液资源化利用技术等。

（一）有机溶剂制浆技术

1. 技术原理　传统制浆工艺是以水作为溶剂，有机溶剂制浆则是利用有机物的制浆工艺。有机溶剂法是目前最好的木质素、纤维素分离技术，是实现无污染或低污染"绿色环保"造纸的有效技术途径。19 世纪末就有人提出利用乙醇提取植物原料中的木质素来生产纸浆，而对有机溶剂法提取木质素制浆的深入研究则是 20 世纪 80 年代以后才兴起的。有机溶剂法提取木质素就是充分利用有机溶剂（或和少量催化剂共同作用下）良好的溶解性和易挥发性，达到分离、水解或溶解植物中的木质素的目的，使得木质素与纤维素充分、高效分离的生产技术。生产中得到的纤维素可以直接作为造纸的纸浆；而得到的制浆废液可以通过蒸馏法来回收有机溶剂，反复循环利用，整个过程形成一个封闭的循环系统，无废水或排放少量废水，能够真正从源头上防治制浆造纸废水对环境的污染；而且通过蒸馏，可以纯化木质素，得到的高纯度有机木质素是良好的化工原料，也为木质素资源的开发利用提供了一条新途径，避免了传统造纸工业对环境的严重污染和对资源的大量浪费。

有机溶剂主要分为氧化型有机溶剂和还原性有机溶剂，如蒽醌（AQ）、四氢蒽醌（THAQ）、甲醇等都属于氧化性有机溶剂，而大部分胺类化合物和有机酸则属于还原性有机物。它们的作用有的是促进脱木素作用，有的是保护碳水化合物，有的两者兼有。近年来有机溶剂制浆中研究较多的、发展前景良好的是有机醇和有机酸法制浆。

（1）醇类溶剂制浆。醇类有机溶剂主要分为低沸点醇类和高沸点醇类。研究较多的低沸点醇有机溶剂为甲醇和乙醇，价格低廉，容易获取，且制得的纸浆质量较好。利用醇类作溶剂，能高效脱除非木材原料中的木素，且不产生黑液污染，是一种环境友好的制浆技术，其工业化应用具有较大的发展前途。

有机醇类制浆的主要方法有：Kleinert 法（乙醇或甲醇在催化剂存在下）、Alcell 法（乙醇-水）、MD Organocell 法（乙醇-soda）、Organocell 法（甲醇-soda-蒽醌）、ASAM 法（碱-亚硫酸盐-蒽醌-甲醇）、ASAE 法（碱-亚硫酸盐-蒽醌-乙醇）、碳酸氢钠-乙醇-水法、氧-乙醇法。

醇类溶剂制浆具有以下优势：第一，与硫酸盐法制浆比，生产成本低，溶剂和副产品易回收；第二，与传统碱法制浆相比，用水量和化学药品少，能耗低；第三，污染小，漂白废水污染易于去除；第四，得率高，木素含量低，白度高，易漂白和精磨。

醇类溶剂制浆法也存在不足：第一，应用含低沸点的溶剂（如甲醇、乙醇等）在高压下制浆，温度高达 180～220℃，对仪器设备要求高；第二，由于醇类溶剂固有的燃烧性，使得制浆的操作必须严格控制，不允许有泄漏发生；第三，不能采用传统的纸浆洗涤方式，否则容易使溶解的木素重新沉淀在纤维上，所以需要较复杂的洗涤设备。

（2）有机酸法制浆。可用于脱木素的酸有很多种，如无机酸、有机酸或二者的混合物或二者与其他有机溶剂的混合物。研究发现，无机酸制浆后，酸不仅很难回收，而且对纤维素纤维影响强烈，降低了纸浆的强度性质。如果使用含硫和氮的酸，排放的废气必须经烟道气过滤洗涤，否则会引起空气污染，甚至引发酸雨。无机残余物在蒸煮液中的存在会进一步限制可溶性有机物质的产生。如果废液中含有盐酸氯化物，如原料中溶解的钾，那么通过燃烧回收热就会引起严重腐蚀。所以单纯以无机酸作为脱木素的化学品是不可行的，但无机酸的排除却严重限制了酸溶剂的选择。

据报道，以下几种有机酸法制浆最具发展前景：HCl 或 H_2SO_4 催化的乙酸制浆方法（Ace-tosolv）、乙酸中添加少量甲酸的制浆方法（Formacell）、过甲酸制浆方法（Milox）、甲酸制浆方法（Chempolis）。

2. 技术流程 以常压下稻草乙酸法制浆为例。乙酸是一种有效的有机溶剂，作为催化剂和溶解剂，其可以选择性分离木素、纤维素和半纤维素。乙酸制浆机理可以解释为两步：木素的酸催化水解（及碳水化合物组分的水解）和蒸煮液（如乙酸和水）对木素的溶剂化。一般认为乙酸在蒸煮过程中有两个作用：加速产生能引起木素酸水解的水合氢离子；溶解水解反应生成的木素碎片。

图 1-17 是常压下稻草乙酸法制浆流程。长度为 2~3 厘米稻草在液比 12：1 的 0.32％ H_2SO_4 或 0.1％HCl 的 80％~90％乙酸溶液中制浆 3 小时。粗浆用 80％的乙酸过滤和洗涤 3 次，然后用水洗涤。过滤的废液和乙酸洗涤物混合、蒸发、减压干燥。水洗涤物注入残余物中。水不溶物（乙酸木素 AcL）经过滤、水洗涤，然后冻干。滤液和洗涤物结合、减压浓缩获得水溶性糖。粗浆通过 200 目的筛进行筛选，保留在筛子上的是良浆，经过筛的细小纤维浆用过滤法回收。

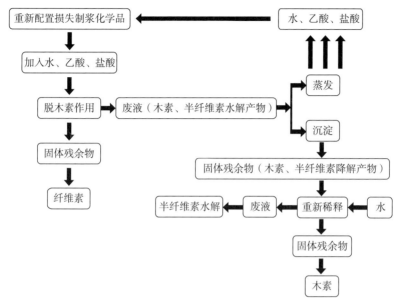

图 1-17 常压稻草乙酸法制浆流程

3. 技术操作要点

（1）原料。原料为收集好的麦草。贮存期 1 年左右，含水量为
9.5％。人工切割呈长度 3 厘米左右，风干后贮存于塑料袋中平衡
水分备用。

（2）制浆。将麦草和 95％的乙酸按 10∶1 的溶液比例加入带
回流装置的圆底烧瓶内，常压下煮沸 1 小时，此为预浸处理。冷
却，把预处理液倾出，同时加入 95％的乙酸水溶液及一定量的硫
酸蒸煮，液比为 10∶1。

（3）洗浆。分离粗浆和蒸煮黑液。粗浆经由醋酸水溶液和水相
继洗涤后，疏解、筛选得到细浆。

（4）蒸煮废液的处理。将蒸煮废液与粗浆的乙酸洗涤液混合后
用旋转蒸发器浓缩，回收的乙酸用于蒸煮或洗涤，浓缩后的废液中
注入 8 倍量的水，使木素沉淀。经沉淀、过滤后与上清液分离，沉

淀即为乙酸木素，滤液为糖类水溶液（主要来自半纤维素降解）和少量的木素小分子。

（5）检测。细浆用 PFI 磨打浆，浆浓度为 10％。采用凯赛快速抄片器进行抄片，纸页定量 60 克/米^2。在标准条件下平衡水分后按照国家标准方法测定纸页的性质。

（二）生物制浆技术

生物制浆是利用微生物所具有的分解木素能力，来除去制浆原料中的木素，使植物组织与纤维彼此分离成纸浆的过程。生物制浆包括生物化学制浆和生物机械制浆。生物化学法制浆是利用微生物或其他生物制品预处理制浆原料，减少蒸煮烧碱用量，降低能耗，提高纸浆质量，减少后续漂白化学药品用量和减轻漂白废水污染负荷。生物机械制浆是将木片在机械磨浆前用木素降解菌处理，能降低机械制浆过程磨浆能耗，提高纸浆的机械性能。

在生物制浆领域，目前国内外研究最多的是利用白腐菌（white-rot-fungi）降解植物中的木质素制浆技术。白腐菌在生物学上分类属于担子菌类，腐生于树木或木材上，使木材上出现袋状、片状或环痕状等形状的淡色海绵状团块。它有很强的降解木素大分子的能力；不受污染物溶解性和毒性的限制；抗冲击负荷能力强；营养要求不高；催化氧化反应时能氧化分解多种芳香结构的有机污染物。白腐菌是自然界中木素最有效的降解者，其降解木素有三个特点：①能彻底降解木素生成二氧化碳，而细菌至多将 20％木素转化成二氧化碳；②木素降解主要是氧化反应，产物中不出现木素单体；③木素降解本身不提供菌生长和维持所需的碳源和能源，需要提供另外的碳源和能源供菌降解木素。随着对白腐菌降解机制的深入研究，这一特殊真菌必将发挥更大的作用。

生物技术在制浆领域的应用研究已经取得较好的试验结果，但生物法处理时间长、效率低，要想实现工业化还有很长的一段路要走。这里以生物化学法制浆技术为例。

1. 技术原理 将生物催解剂与其他助剂配成一定比例的水溶液后，其中的酶开始产生活性，将麦草等草类纤维用此溶液浸泡后，溶液中的活性成分会很快渗透到纤维内部，对木素、果胶等非纤维成分进行降解，将纤维分离。

2. 技术流程　干蒸法制浆是将麦草等草类纤维浸泡后，沥干，用蒸汽升温干蒸，促进生物催解剂的活性，加快催解速度，最终高温杀酶，终止反应。制浆速度快，仅需干蒸 4～6 小时即可出浆。

（1）浸泡。干净干燥的麦草（或稻草）投入含生物催解剂的溶液中浸泡均匀，约 30 分钟最好。

（2）沥干。将浸泡好的麦草捞出后沥干水分，沥出的浸泡液再回用到原浸泡池中。

（3）装池（球）。将沥干后的麦草或稻草装入池或球中压实。

（4）生物催解。在较低的温度下进行生物催解，将木素、果胶等非纤维物质降解，使之成为水溶性的糖类物质，以达到去除木素、保留纤维的目的。

（5）干蒸。生物降解达到一定程度后即可通入蒸汽，温度控制在 90～100℃，时间 3～5 小时，杀酶终止降解反应，即可出浆。

（6）挤压。取出蒸好的浆，用盘磨磨细，放入静压池或挤浆机，用清水冲洗后挤干。静压水可直接回浸泡池作补充水，也可絮凝处理后达标排放或回用。

（7）挤压好的浆可以直接进行漂白制浆，漂白后浆白度可达 80%～90%，可生产各种文化用纸、生活用纸等。未漂白的浆可以直接做包装纸、箱纸板、瓦楞原纸等。

3. 效益测算　生物制浆技术以农作物秸秆为原料，不添加化学品生产出生态秸秆生物浆，生产过程中不能成为纸浆但富含有机质的副产品，可制成有机肥或作沼气发电等，实现秸秆资源循环利用。生物制浆技术与产业相结合，使农民能够同时收获粮食与纤维两种产品，每 667 米^2 地比原来增加至少 1 倍的经济效益；秸秆原料的收集和运输，为当地农民提供了更多的就业机会。从减排的角度来看，利用农业秸秆综合利用技术，全国每年每 667 米^2 农地将减排 0.675 吨二氧化碳。以每吨碳权报价约 12.47 欧元计算，每吨碳权收益约为人民币 78 元。2013 年江苏省扬州市建成了首条生物制浆造纸生产线，年耗秸秆 14 万吨。该生产线全部以秸秆为原料，年产 6.6 万吨草浆，是全球目前最先进的生物制浆工艺。

（三）DMC 清洁制浆技术

1. 技术原理 在草料中加入 DMC 催化剂，使木质素状态发生改变，软化纤维，同时借助机械力的作用分离纤维；此过程中纤维和半纤维素无破坏，几乎全部保留。DMC 催化剂（制浆过程中使用）主要成分是有机物和无机盐，其主要作用是软化纤维素和半纤维素，能够提高纤维的柔韧性，改变木质素性质（降低污染负荷）及分离出胶体和灰分。

2. 工艺流程 DMC 制浆方法是先用 DMC 药剂预先浸泡草料，使草片软化浸透，同时用机械强力搅拌，再经盘磨磨碎成浆。即经备料、多段低温（60～70℃）浸渍催化、磨浆与筛选、漂白（次氯酸钙、过氧化氢）等过程制成漂白浆。其粗浆挤压后的脱出液（制浆黑液）明显呈强碱性（pH 13～14，残碱含量大于 15 克/升）。浸渍后制浆废液和漂白废水经处理后全部重复使用，污泥浓缩后综合利用。工艺流程见图 1-18。

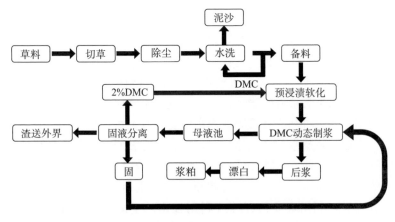

图 1-18 禾本科纤维原料本色浆生产工艺流程

3. 技术要点

（1）草料经皮带输送机输送到切草机，切成 20～40 毫米，再转送到除尘器，将重杂质除去，然后送入洗草机中，加入 2% DMC 药剂，经过洗草辊不停地翻动，把尘土洗净。

（2）洗净的草料进入备料库后再转入预浸渍反应器，反应器加入 2% DMC 药剂，温度 60℃，高速转动搅刀，使草料软化。

（3）预软化后的草料由泵输送到 1# DMC 动态制浆机，并依次输送到 2#～5#，全程控温 60～65℃，反应时间 45～50min。

（4）制浆机流出的草料已充分软化和疏解，再用浆泵送入磨浆机，磨浆后浆料经加压脱水，直接进入浆池漂白，一漂使用二氧化氯，二漂使用过氧化氢，即制成合格的漂白浆粕。

（5）流出的 DMC 反应母液进入母液池，经固液分离，液相返回 DMC 贮槽，浆渣送界外供作它用。全程生产线不设排污管道，只耗水不排水，称"零"排污。

4. 工艺特点　DMC 清洁制浆法技术与传统技术工艺与设备比较具有"三不"和"四无"的特点。"三不"：①不用愁"原料"（原料适用广泛）；②不用碱；③不用高温高压。"四无"：①无蒸煮设备；②无碱回收设备；③无污染物（水、汽、固）排放；④无二次污染。

5. 效益测算　山东泉林纸业有限公司是以秸秆为主要原料的大型造纸企业，长期致力于秸秆清洁制浆循环经济的研究与开发，并不断取得新突破。其研发的秸秆清洁制浆新技术，解决了传统秸秆制浆水耗高、能耗高、污染严重等问题，取得了秸秆清洁制浆新技术的重大突破。2012 年，秸秆清洁制浆及其废液肥料资源化利用技术获得了国家技术发明二等奖，是我国目前造纸行业所获得的最高奖项，并被列入了《国家鼓励的循环经济技术、工艺和设备名录（第一批）》。泉林公司的秸秆清洁制浆造纸被称为"泉林模式"，被国家发展和改革委员会确定为"国家循环经济典型模式案例"之一。

据测算，生产 1 吨麦草浆，可减少秸秆燃烧产生的二氧化碳

2.5 吨，减少秸秆堆放产生的面源污染 COD 总量 2.6 吨。按照年处理 150 万吨秸秆综合利用项目的生产能力，一年的生产将能够减少超过 150 万吨二氧化碳的排放。而草浆替代木浆后，每年可节省木材 240 万米^3，约合 16 万公顷森林植被，年可产氧气 388 万吨，吸收二氧化碳 439 万吨，减排温室气体效果显著。而通过节水技术，泉林纸业生产流程中每年可节水 3 600 万吨，减排 COD 360 万吨，制浆过程取消漂白工段，杜绝可吸附有机卤化物 AOX 与二噁英的影响。用泉林本色浆生产的环保餐具可替代部分石化（塑料）产品，也节约了大量石油。此外，这种循环经济模式也催生了秸秆收购业，带动秸秆收贮和运输物流业发展。目前泉林纸业已在安徽、江苏、河南等粮食大省及临近的聊城、济南、济宁等地区建成 21 个秸秆专业合作社，千吨点建成 600 个。2011 年已加入合作社的千吨点收贮能力达 30 万吨。按每吨秸秆价格 240 元计，泉林纸业一年的产能为农民带来约 4.8 亿元的收入。

（四）制浆废液资源化利用技术

造纸的主要原料是富含纤维素的植物，植物的主要成分是木质素、纤维素和半纤维素，造纸过程就是去除植物原料中的木质素和半纤维素，保留其中的纤维素成为我们所用的纸张。而木质素和半纤维素则溶解到蒸煮液中成为制浆造纸废液——黑液。据估计，每生产 1 吨纸就产生 0.5 吨的木质素，我国每年可从造纸黑液中回收的天然木质素可达几千万吨之多，是极为丰富的资源。利用秸秆制浆废液制造有机肥，既解决了黑液治理的难题，又回收了秸秆中具有使用价值的钾、氮、磷、木质素、木糖醇等物质。制浆废液资源化利用技术，采用基于黑液肥料化利用的清洁制浆新工艺对秸秆进行蒸煮，分离木质素，用富含腐殖质和肥料养分的黑液加工处理，制备优质有机肥料。

制浆废液加工有机肥，一方面实现了黑液零排放；另一方面，有机肥料和基质的有效成分是秸秆中的木质素，有机质含量高、富含黄腐酸，可增强土壤团粒结构，提高土壤保肥、保水能力，抗旱、保墒作用效果显著，经过高温、高压灭菌处理，可使植物生长必需的钾元素充分还原到土壤，具有无病杂菌、无重金属残留、抗病、抗重茬等特点。利用造纸废液生产富含黄腐酸的有机肥产品，对于改造我国中低产田、提高化肥利用率、减轻农业面源污染、保障国家粮食安全和食品安全意义重大。

用造纸黑液制备的腐殖酸复合肥料，腐殖酸含量大于6%，而且经碱液蒸煮后，有机大分子被降解成易被作物吸收的低分子有机物，其中黄腐酸的比例较高，可以有效提高肥料的利用率，并改善土壤结构，提高农作物品质。木质素包裹型缓释肥料可以提高养分利用率1倍以上，缓释期长达3~6个月，一次性施肥即可以满足作物一个生长季的需要，可以大大节省人工；包裹材料具有生物可降解性，降解后可以转化为腐殖酸，同样具有改良土壤的作用。

山东泉林纸业自主研制开发出"制浆废液精制有机肥技术"，采用氨法制浆工艺，对制浆过程产生的制浆黑液实施高温喷浆造粒制成有机肥料。这种产品理化性状稳定、商品性状好。其主要成分木质素施入土壤能直接转化为土壤有机质——黄腐酸，显著提高土壤肥力。同时，这种产品还可显著改善粮食、蔬菜、水果等农产品的品质，并可有效改善土壤团粒结构，提高土壤的保肥、保水能力，减少化肥在土壤中的流失，提高化肥利用率。

四、秸秆块墙体日光温室构建技术

（一）技术原理

秸秆块墙体日光温室是一种利用压缩成型的秸秆块作为日光温室墙体材料的农业设施。秸秆块是以农作物秸秆为原料，经成型装备压缩捆扎而成，秸秆块墙体是以钢结构为支撑，秸秆块为填充材料，外表面安装防护结构，内表面粉刷蓄热材料（或不粉刷）而成的复合型结构墙体。秸秆块墙体既具有保温蓄热性能，还有调控温室内空气湿度、补充温室内二氧化碳等功效。

（二）技术流程

秸秆块生产及秸秆块墙体日光温室构建技术流程如图1-19所示。

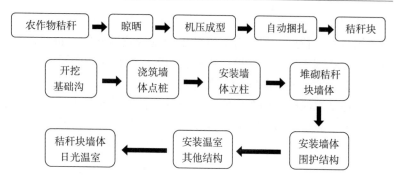

图 1-19　秸秆块生产及秸秆块墙体日光温室构建技术流程

（三）设备选型、工艺参数

1. 秸秆块成型装备　秸秆块成型装备包括立式秸秆打捆机（图 1-20）、卧式秸秆打捆机（图 1-21）、捡拾秸秆打捆机（图 1-22）以及上述打捆机的改装机，一般根据所需要的秸秆块尺寸和密度，选择合适的秸秆块打捆机进行秸秆块的加工生产，不同类型秸秆块成型装备性能如表 1-8 所示。

图1-20　立式秸秆打捆机　　图1-21　卧式秸秆打捆机　　图1-22　捡拾秸秆打捆机

表 1-8　常用秸秆块成型装备

成型装备名称	电机（千瓦）	产量（吨/小时）	秸秆块尺寸（长×宽×高，毫米）	秸秆块密度（千克/米³）
卧式秸秆打捆机	15	2～5	(1 800～2 000)×1 150×830	200～300
立式秸秆打捆机	18.5	3～8	(500～1 500)×600×600	200～250
捡拾秸秆打捆机（改装）	15	1～3	(500～800)×450×350	150～200

2. 秸秆块成型工艺　用于生产秸秆块的秸秆可以是水稻、小麦、玉米、花生秧等农作物茎秆的一种或几种，适宜加工的秸秆含水率要求在15％以下，压制的秸秆块形状一般为长方体，以方便堆砌（图1-23）。一般条件下，小型秸秆块的尺寸为（32～35）厘米×（40～60）厘米×（30～120）厘米，密度为80～150千克/米³，中型秸秆块的尺寸为50厘米×80厘米×（70～240）厘米，大型秸秆块的尺寸为70厘米×120厘米×（100～300）厘米，大中型秸秆块的密度控制在150～300千克/米³范围内，由于秸秆块质量过大，需要用吊装设备才可以安装，增加了墙体堆砌作业难度。

图1-23　农作物秸秆块

3. 日光温室规格　通常情况下，秸秆块墙体日光温室的规格跟普通日光温室的规格一致，具体可参考表1-9。

表1-9　秸秆块墙体日光温室规格

温室跨度	脊高（米）						
（米）	2.6	2.8	3.0	3.2	3.5	3.8	4.2
6.0	*	*	*				
6.5	*	*	*	*			
7.0		*	*	*	*		

（续）

温室跨度	脊高（米）						
（米）	2.6	2.8	3.0	3.2	3.5	3.8	4.2
8.0			*	*	*	*	
9.0				*	*	*	*
10.0					*	*	*
11.0						*	*

注：*表示推荐选用的规格参数；特殊气象条件的地区或者特殊用途的温室，其规模不受此限制。

4. 日光温室间的距离 秸秆块墙体日光温室前后排温室之间的距离应保证当地冬至日时，后排日光温室有 6 小时以上的光照时间。可根据如下公式计算：

$$D = \frac{h_{\max}}{\tan\theta} - L + r$$

式中　D——前后两栋日光温室间的距离，米；

　　　$h_{\max}$——温室屋脊高度（包含保温被卷部分），米；

　　　$\tan\theta$——当地冬至日正午太阳高度角的正切值；

　　　L——温室最高点向下垂直地面点到后墙外侧的距离，米；

　　　r——修正值，避免和减少前栋温室的影响，取 1 米。

5. 日光温室的前屋面角 日光温室前屋面角计算方法为：

$$\alpha_F + h_{\min} \geqslant 55°$$

式中　　$h_{\min}$——当地冬至日太阳高度角。

$$h_{\min} = 66°34' - \Phi$$

式中　　Φ——当地地理纬度。

6. 秸秆块墙体日光温室的后屋面仰角 一般日光温室的后屋面仰角为 $20°\sim45°$。

7. 秸秆块墙体日光温室钢骨架结构 温室钢骨架是前、后屋面及安装在上面的设施的承载体，一般骨架由拱架、纵梁及连接件等组成，现代日光温室拱架一般采用钢筋或钢管焊接成桁架结构，也可以直接用钢管或冷弯内卷边槽钢或冷弯外卷边槽钢弯制而成。全钢拱架结构日光温室中前屋面和后屋面承重骨架做成整体式拱架，拱架后檐架于墙体上端，如图 1-24 所示。其中拱架间距一般为 0.9～1.5 米，双拱拱架上弦与下弦之间的最大距离不超过 25 厘米，同时依据拱架强度、覆盖材料性能以及地风雪载荷情况而定。

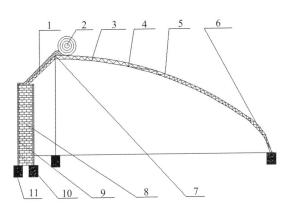

图 1-24　秸秆块墙体日光温室示意
1. 后屋面　2. 保温被　3. 上放风口　4. 塑料薄膜　5. 前屋面拱架
6. 下放风口　7. 顶梁立柱　8. 秸秆块　9. 彩钢瓦　10. 墙体立柱　11. 点柱

8. 秸秆块墙体和后屋面的综合热阻值　秸秆块墙体日光温室墙体和后屋面的综合热阻值参考常规日光温室墙体和后屋面综合热阻值计算，二者的综合热阻值应达到设计低限 $R_{\min}$ 以上，详见表 1-10。

表 1-10　日光温室围护结构的低限热阻 $R_{\min}$

室外设计温度 （℃）	后墙（山墙）热阻 （米²·开/瓦）	后屋面热阻 （米²·开/瓦）
−4	1.1	1.4
−14	1.4	1.1

（续）

室外设计温度 （℃）	后墙（山墙）热阻 （米²·开/瓦）	后屋面热阻 （米²·开/瓦）
−21	1.1	2.1
−26	2.1	2.8
−32	2.8	3.5

同一建筑材料的热阻值：

$$R = \delta/\lambda$$

式中　　R——热阻，米²·开/瓦；

　　　　δ——材料的厚度，米；

　　　　λ——材料的导热系数，瓦/（米·开）。

复合墙体的热阻值等于组成墙体的各层热阻值之和：

$$R = \sum_{i=1}^{n} \delta_i/\lambda_i$$

9. 秸秆块墙体基础　基础构建是指秸秆块墙体正下方具有支撑温室地上部的地基。一般建筑中墙体基础具有支撑墙体的作用，秸秆块墙体日光温室中的墙体基础既能支撑墙体，又具有保温隔热的作用，秸秆块墙体基础平面分布图和基础结构如图1-25和图1-26所示，秸秆块墙体基础包括保温隔热层、基础以及基础上面的预埋件。其中基础采用成对混凝土点桩或条桩结构，基础以外的地基部分为保温隔热层，兼有防寒沟的作用。具体做法为土地平整后，在温室后墙和山墙正下方位置开挖与墙体等宽（40～100厘米）、深度40～60厘米的土沟。土沟挖成后，在土沟两侧浇筑墙体钢骨架混凝土点桩或条桩，其中点桩的规格为（20～40）厘米×（20～40）厘米×（40～60）厘米，条桩的规格为（20～40）厘米×（40～100）厘米×（40～60）厘米，在墙体基础长度方向，相邻点桩或条桩间距2.4～4.0米。在点桩或条桩浇筑同时，应预埋固定墙体钢架的预埋件。基础中的隔热保温层为塑料薄膜包裹的秸秆块，沿墙体基础长度方向铺设两层塑料薄膜，其中一层用于包裹秸秆块，以防秸秆块潮湿，另外一层塑料薄膜沿墙体高度方向向上延伸，高出温室地面 20 厘米以上（在地势低洼地区，应增加塑料薄膜向上延伸的高度），高出地面的部分固定在秸秆块墙体上，以防止雨水顺墙体进入基础墙体中，所选用的塑料薄膜厚度应大于 0.5 毫米。

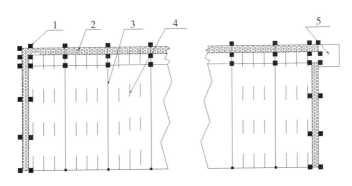

图 1 - 25　秸秆块墙体基础分布
1. 点柱　2. 基础　3. 双拱　4. 单拱　5. 过渡间

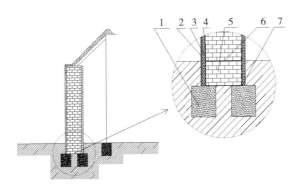

图 1 - 26　秸秆块墙体基础结构示意
1. 点桩　2. 彩钢瓦　3. 墙体立柱　4. 外层塑料薄膜
5. 秸秆块　6. 内层塑料薄膜　7. 预埋件

10. 秸秆块墙体结构　秸秆块墙体的结构包括墙体基础、墙体支撑立柱、秸秆块以及墙体稳固和围护结构，如图 1 - 27 所示。其中墙体支撑立柱主要起支撑作用，一般采用镀锌圆管或镀锌方管，相邻墙体立柱顶端和成对墙体立柱之间均需要用钢管连接。秸秆块墙体根据建设区域经纬度与高程不同，墙体厚度一般为 40～100 厘米，秸秆块采用骑缝码砌的方式填充在墙体支撑立柱中间，秸秆块之间的缝隙需要用零散秸秆填实，每层秸秆块需要用钢丝等进行加固，以提高秸秆块墙室的稳固性。秸秆块墙体堆砌结束后，在墙体外侧需要增加彩钢瓦或塑料等保护秸秆块墙体，以免秸秆块雨淋后发霉变质。

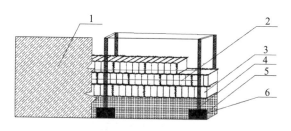

图 1-27　秸秆块墙体结构示意

1. 彩钢瓦　2. 加固铁丝　3. 秸秆块　4. 墙体立柱　5. 基础　6. 点桩

11. 秸秆块墙体日光温室后屋面　秸秆块墙体日光温室后屋面的设计包括后屋面保温材料以及后屋面保温结构与后墙间的连接，如图 1-28 所示，一般后屋面采取短坡式，坡长为 1.4～1.8 米，后屋面垂直投影为 1 米左右。后屋面的保温材料包括塑料薄膜、保

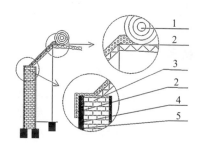

图 1-28　秸秆块墙体日光温室后屋面结构示意

1. 保温被　2. 后屋面保温层　3. 秸秆块　4. 彩钢瓦　5. 墙体立柱

温被、草帘、无纺布以及其他后屋面保温材料中的一种或几种，其中保温材料的上端要延伸至脊高处立柱顶端以南 20～30 厘米，保温材料下端需要延伸至秸秆块墙体外沿以下 20～30 厘米，并且固定在墙体外侧的围护结构上，以防雨水进入秸秆块墙体，而造成秸秆块霉变腐烂。

12. 秸秆块墙体日光温室透光材料　秸秆块墙体日光温室前屋面透光材料一般使用塑料薄膜，其中单层塑料薄膜的厚度在 0.08 毫米以上，透光率在 90% 以上，使用寿命在 1 年以上；双层无滴长寿塑料薄膜的厚度在 0.1 毫米以上，透光率在 90% 以上，使用寿命在 3 年以上；双层膜层间充气需要单层膜厚度在 0.1 毫米以上，平均充气厚度 100 毫米左右，透光率 90% 以上，使用寿命 3 年以上。

13. 通风和防寒　自然通风有放风口和通风窗两种形式，冬季通风面积占覆盖面积的 3%～5%，春、夏、秋季通风面积占覆盖面积的 15%～25%。放风口一般在温室的顶部，也可在温室拱架底脚位置，放风口可采取手工开缝、卷膜开缝、装设放风口等形式。放风口不能满足作物正常生长要求时，可开通风窗，窗口规格为 300 毫米×（300～600）毫米×600 毫米，位置在后墙下部。

一般条件下，温室位置在北纬 32°以北的地区需要在温室外面四周设置防寒沟，但秸秆块墙体日光温室山墙和后墙基础在设计时已将墙体和防寒沟结合在一起，不需要再另行设置，在拱架底脚处需要设置防寒沟，防寒沟一般宽 0.3～0.5 米，深度达冻土层以下，内填秸秆块或其他保温材料。

14. 温室过渡间　温室门外应设过渡间（又称缓冲间、工作间），位置一般位于温室的山墙外侧，出入温室时可避免外部冷空气对温室作物的影响，同时方便工作人员休息，放置农具和部分生产资料。

(四) 技术操作要点

秸秆块墙体日光温室建造步骤见图 1-29。

1 开挖基础沟   2 安装墙体立柱   3 堆砌秸秆块

6 作物长势良好   5 安装内部其他结构   4 安装围护结构

图 1-29 秸秆块墙体日光温室建造步骤图

建造时要注意以下几点：

1. 秸秆筛选 制作秸秆块的秸秆可以是小麦、水稻、玉米等秸秆，但秸秆含水率太高会影响秸秆的使用寿命，需要进行自然晾晒，一般秸秆的含水率应控制在 15% 以下，秸秆块制作前后均需要做好防雨防水措施。

2. 秸秆块制作 秸秆块制作的质量直接关系到秸秆块墙体的使用寿命，需要综合考虑秸秆块方便堆砌，又要结合秸秆块的承重能力，还要保证秸秆块堆砌面平整，减少秸秆块间的缝隙。

3. 秸秆块墙体制作 秸秆块墙体由支撑立柱和秸秆块堆砌而成，秸秆块墙体外侧需要安装防护结构，以防秸秆块遭受雨淋而腐烂，对于温度要求较高的秸秆块墙体日光温室，在墙体内侧还需要粉刷或涂抹蓄热材料。

4. 后屋面制作 秸秆块墙体日光温室后屋面保温材料不仅具有保温的作用，还具有保护秸秆块墙体的作用，防止雨水从秸秆块墙体顶部渗漏到墙体中，造成秸秆腐烂。

5. 墙体基础制作 墙体基础需要具有隔热保温和支撑秸秆块墙体的双重作用，用于基础中的秸秆块可以适当增加密度，同时做好基础中秸秆块的防水工作。

（五）注意事项

（1）秸秆块在装卸及运输过程中易发生变形，墙体码砌时应对秸秆块形态进行调整，尽可能使之规整。相邻秸秆块码砌时，如产生缝隙，应用草料填充并压实，以免形成空洞造成墙体内外空气对流，影响保温效果。

（2）做好秸秆块及秸秆块墙体的防水工作，秸秆块压制过程中保证秸秆含水率在15％以下，生产的秸秆块和堆砌的秸秆块墙体做好防水工作。日光温室后屋面上端要延伸至脊高顶端，下端延伸至墙体地平线外侧，以免雨水渗透至秸秆块墙体中，造成秸秆腐烂。

（3）做好秸秆块墙体下端与墙体基础的连接以及墙体基础的防水工作，日常使用过程中需要定期检查墙体秸秆块变形以及墙体下沉、开裂情况，出现下沉、开裂时应及时填充秸秆，保证保温效果。

（4）生产过程中应注意观察外墙及外墙与后屋面对接处是否有破损情况，如有破损立即修补，以防下雨时雨水浸入墙体，导致秸秆受潮霉变。夏季高温，温室前屋面揭膜后，应对墙体内侧采取防雨措施，如覆盖塑料膜、培高内墙地基，防止雨水淋湿墙体或地表水灌入墙体内。

（5）秸秆为天然生物质材料，属于易燃物。秸秆块温室在建造和使用过程中务必远离火源，并配备必要消防设施〔如消防用水池（塘）、沙等〕，做好防火。温室内部电路要勤于检查，发现破损漏电情况及时修补，谨防火灾发生。

（六）适宜区域

适用于北纬32°以北，特别是具有农作物秸秆收集能力的地区，推荐在最冷月均温在－10～0℃、日平均温度≤5℃的日数在90～145天的寒冷地区使用，例如河南、山东西南部、安徽中北部、江苏北部以及河北和甘肃等部分地区。

（七）效益测算

目前，秸秆块墙体日光温室已经在江苏省宿迁地区建造示范工程几十栋，造价约为 150 元/米^2。多年结果证明秸秆块墙体日光温室在苏北地区能够满足作物越冬的生长，温室中最低气温为 8℃，地温为 12℃。与砖墙体日光温室相比，秸秆块墙体日光温室中空气湿度低 10% 左右，二氧化碳浓度高 18% 左右，有利于获得作物高产优质与提早成熟。更重要的是作为农作物秸秆利用新途径，在一定程度上解决了秸秆就地焚烧造成的环境污染难题，同时对促进设施蔬菜产业持续快速发展也有十分重要的意义。

五、秸秆容器成型技术

（一）技术原理

秸秆容器成型技术就是利用粉碎后的小麦、水稻、玉米等农作物秸秆（或预处理）为主要原料，添加一定量的胶黏剂及其他助剂，在高速搅拌机中混合均匀，最后在秸秆容器成型机中压缩成型冷却固化，形成不同形状或用途秸秆产品的技术。秸秆容器技术不仅提供了秸秆利用途径，还有利于循环、生态和绿色农业的发展。

与塑料盆钵相比，秸秆盆钵强度远高于塑料盆钵，且具有良好的耐水性和韧性，产品环保性能达到国家室内装饰材料环保标准（E1 级）。秸秆盆钵一般可使用 2～3 年，使用期间不开裂，无霉变，废弃后数年内可完全降解，无有毒有害残留。陈旧秸秆盆钵加以回收，经破碎与堆肥处理，制成有机肥或花卉栽培基质，可以实现循环再利用。

（二）技术流程

秸秆容器成型技术因秸秆种类、产品要求、使用途径不同有所差别，针对秸秆盆钵和秸秆育苗容器而言，秸秆育苗容器是秸秆盆钵的一种特殊产品，两者的主要技术路线相似，包括秸秆破碎、黏合剂制作、物料混合和压缩成型等过程。具体技术流程见图 1 - 30。

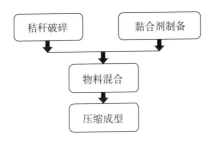

图 1 - 30　秸秆容器成型技术

1. 秸秆破碎　利用具有除尘装置的秸秆粉碎机将自然晾晒后的秸秆进行破碎，通过筛分仪进行筛选，对不合格的秸秆进行重新粉碎和筛选，破碎后的秸秆粉料放置到指定位置，防火防潮贮存（图 1 - 31）。

图 1 - 31　农作物秸秆破碎

2. 黏合剂制作　根据秸秆容器的用途和要求，在胶黏剂制备装置中依次按照一定的比例加入相应的物料，控制温度、时间、pH 等参数，制备好的黏合剂用洁净的贮存容器贮存，在有效期内使用（图 1 - 32）。

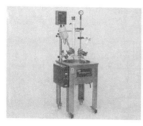

图1-32　小试和中试试验黏合剂合成反应釜

3. 物料混合　按照一定的比例将破碎后的秸秆粉、黏合剂及其他助剂放入高速混料机中（图1-33），按规定速度档位与搅拌时间进行混合搅拌，同时达到脱水的目的，搅拌混合后将物料放出，装入指定容器，立刻使用，不易存放，同时需要立即清洁搅拌机。

图1-33　高速混料机

4. 模压成型工艺　开启液压机及模具加热装置，先对模具进行加热。当模具温度升至设定温度后，根据模压产品种类设定好模压参数，再进行花盆压制生产作业（图1-34）。模压成型主要分为加料、闭模、排气、固化和开模等阶段。

5. 产品修整　模压成型的产品毛坯进行需要修整方可成为产品（图1-35），包括修整花盆毛边及打通底部透水孔，要将不合格产品与合格产品分开码放。

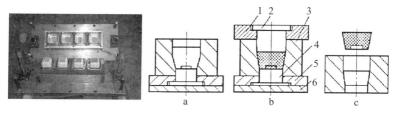

图 1-34　成型模具和成型压缩工艺

a. 加料　b. 压缩　c. 脱模

1. 上模座　2. 上凸模　3. 凹模　4. 下凸模　5. 下模板　6. 下模座

图 1-35　秸秆花盆和育苗容器

6. 包装入库　将修整好的合格产品按包装入库要求进行包装入库。

秸秆容器成型工艺流程见图 1-36。

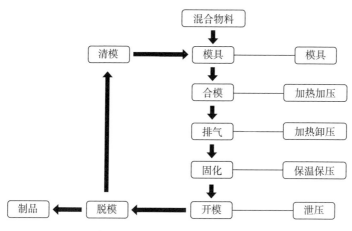

图 1-36　秸秆容器成型工艺流程

（三）设备选型、工艺参数

秸秆容器成型技术连续化作业的设备主要包括：①压缩成型机，开闭装置转动螺杆轴以使可移动模接近或远离固定模，由此来打开和关闭模子。可在与可移动模的开闭方向相交的方向上从固定压板上取走固定模，使模子保持平行，精确地夹紧被加工件的机器。②注塑成型机，是在挤出机中通过加热、加压而使物料以流动状态连续通过口模成型的方法。见图1-37。

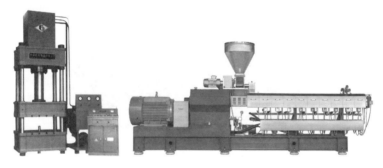

图1-37　液压机和双螺杆挤塑机

具体设备名称及参数见表1-11。

表1-11　设备名称及参数

设备名称	型　号	工作参数		配套马力	备注	产地
三梁四柱液压机	威力YW41-200T	公称压力	2 000千牛	电机功率7.5千瓦	压塑成型	山东
		液体最大压力	29兆帕			
		立体中心距（左右×前后）	720毫米×520毫米			
		滑块行程	600毫米			
		工作台有效面积（左右×前后）	1 000毫米×1 000毫米			
		工作台高度	620毫米			
		最大开口高度	900毫米			

（续）

设备名称	型号	工作参数		配套马力	备注	产地
三梁四柱液压机	威力 YW32-500T	公称压力	5 000 千牛	电机功率 15 千瓦	压塑成型	山东
		液体最大压力	28 兆帕			
		立体中心距（左右×前后）	1 585 毫米×1 115 毫米			
		滑块行程	600 毫米			
		工作台有效面积（左右×前后）	1 400 毫米×1 400 毫米			
		工作台高度	600 毫米			
		最大开口高度	1 200 毫米			
双螺杆挤塑机	排气 SLZ-300	螺杆直径	35 毫米	功率 75 千瓦	挤塑成型	南京
		长径比	35∶1			
		最大行程	350 毫米			
		注射量	300 克/次			

（四）技术操作要点

1. 秸秆容器成型用黏合剂制作 黏合剂合成过程中，应严格按照树脂合成工艺配方进行操作；酸碱调配剂严格按照培训人员要求配置，升温过程中，温度调控设置严格按照要求，升温速率及保温时间严格依照给定黏合剂原配方设定；原料配比、加料时间、加料顺序及酸碱剂量应严格按照原给定配方，相关技术人员应每隔一定时间对胶液进行检测，以防胶黏剂性能发生变化，甚至出现凝胶现象。

2. 黏合剂分装与储存 大豆蛋白基黏合剂和大豆蛋白改性三聚氰胺脲醛树脂的贮存期较短，不超过一周，其中大豆分离蛋白贮存期过长，容易发霉变质，影响胶接强度。改性脲醛树脂贮存期的长短与树脂缩聚程度有关，缩聚程度大的比缩聚程度小的贮存稳定性差，脲醛树脂摩尔比低的比摩尔比高的贮存稳定性差，贮存稳定性除与树脂本身的性质有关外，还与贮存温度有关，温度越高贮存越短，所以应该将树脂放在阴凉的地方，贮存温度最好在 10～25℃之间。

3. 秸秆破碎 首先根据破碎机性能及实际需要决定秸秆是否需要风干或烘干，再进行粉碎。破碎前，去除石子与塑料等杂质，开启粉碎机电源，待设备运行稳定后进行喂料破碎，破碎结束关闭电源，清洁破碎机，并将破碎物料运送到指定地点存放备用。

4. 拌料脱水 搅拌脱水过程是秸秆容器物制备的关键，混合物料拌料、混合及脱水阶段要严格控制混合物料的含水率，合适的物料含水率利于容器成型，且成型效果和质量较高，一般混合物料含水率控制在 12%～15%。含水率过高影响热量传递，并增大物料与模具间的摩擦力，在高温时产生的蒸汽量大，会发生"气堵"或"放炮"现象，严重影响产品质量；当含水率过低时，物料分子摩擦力和抗压强度加大，压缩能耗增加。另外值得注意的是控制好混合物料粒径大小，在相同的压力下，秸秆颗粒粒度越细，流动性越好，物料变形越大，成型物结合越紧密；但原料粒度也不宜太小，否则会降低成型物的抗拉强度，而且使原料粉碎时的功耗增加。

5. 模压成型

（1）模压机模具温度上升到设置温度（120℃）后，开启压机电机，把自动挡调至调整，长按模具回程键，等到模具达到最大回程后，调至自动挡；

（2）按产品型号要求的重量称料，所称个数应与模腔个数相对应，以 YQ32-200T 型三梁四柱液压机为例，压力为 25 兆帕，产品数量为 4 个或 8 个；

（3）用气枪将模具模腔内脏物冲干净，将物料倒入模腔内，按下行键，启动自动压制程序，以上口径 150 毫米、下口径 115 毫米、高度 130 毫米、壁厚 2 毫米的秸秆花盆生产为例，按照设定的程序（保压 8 秒—排气 3 秒—保压 11 秒—排气 2 秒—保压 6 秒）完成加工过程；

（4）压机自动回程后，从模腔中手工取出压坯，压坯冷却至60℃左右进行打孔和修边作业；产品完全冷却后，方可堆成堆垛摆放。

（五）注意事项

（1）秸秆破碎或粉碎时，应严格遵守秸秆破碎机操作规程，确保设备与人员生产安全，对设备定期维护保养。

（2）黏合剂合成严格按照合成工艺步骤，不得随意更改黏合剂原料配方与工艺操作，对所用原料配比及工艺操作进行规范，对黏合剂制作过程中可能出现的异常现象进行解释，并介绍如何采取相应措施应对。

（3）正确认知高速混料机工作原理，对原料配比、放入次序、拌料时间、拌料程度、混料最终含水率控制进行规范。

（4）液压机应由专业操作工或经验丰富技工操作，需正确认知模压机结构原理、各热压参数，对称料方法、物料质量和参数设置（主要包括模压压力、模压温度、模压时间、排气次数、排气时间）进行规范。

（5）了解合格产品外形要求，对秸秆花盆边缘修平及底部穿孔方法进行规范。其次，产品入库按指定地点分客户存放，并由仓库设立标志牌，清晰标注该产品批号，产品出库前，应抽样复检。

（六）适宜区域

本技术可适用于所有产农作物秸秆的区域，适用于水稻、小麦、玉米、甘蔗、高粱、棉花、大豆、油菜等农作物秸秆。由于地理位置、气候条件等不同，各地区的作物秸秆结构组成有所不同，因此，在应用本技术时，需要依据所用秸秆原料的不同，对容器成型参数进行适当调整或修正。

（七）效益测算

首条秸秆花盆工业化生产线在南京浦口区永宁镇建成，该技术受让方为南京侯冲秸秆园艺制品有限公司，该公司项目总投资约250万元，建立了4条热压成型生产线及1条秸秆花盆黏合剂生产线（图1-38），年秸秆花盆生产能力500万只（以16厘米规格

计），产值 800 万元，年消耗各类农作物秸秆约 720 吨。本项目的
建立为当地秸秆高值化利用提供了一条新的技术途径。

图 1-38　秸秆花盆厂及景观效果展示

Chapter 2
第二章
秸秆高值化方法与技术

秸秆皮穰物理属性相差大，外皮纤维素含量最高，力学强度最好，可以用做板材家具、纸张等，是木材的替代品；内穰糖分、蛋白质、碳水化合物含量高，质地松软，可以作为牲畜饲料和缓冲材料，是牧草和泡沫塑料的替代品。简单切碎的秸秆皮穰并未分离，用作牲畜采食适口性差，不易消化，用作板材加工抗拉、抗压强度不够，用作工业原料贮存易腐烂变质。因此需要探索玉米秸秆皮穰分离的力学行为，进行玉米秸秆皮穰最大程度的分离，实现秸秆皮板材化、秸秆穰饲草化。高值化利用是秸秆未来利用的主要趋势之一。

第一节　现阶段秸秆利用存在问题

一、饲料化利用存在问题

秸秆饲料化可以通过物理、化学、生物三种转化技术，其中物理和化学处理方式成本低廉，对改善饲料品质有一定局限性，但同微生物处理相比，可以有效拓宽秸秆饲料食用范围。由于秸秆皮穰物理属性相差很大，简单切碎的秸秆皮穰并未分离开，用作牲畜采食适口性差，不易消化，但为目前秸秆饲料化最好的处理方式。东北地区提倡推广秸秆饲料规模化生产，制约其发展的因素主要为生产工艺不够规范成熟、生产设备效率有待提升。秸秆肥料化就是以直接或间接的方式将秸秆还田，在北方地区气候干燥、土壤积温低，直接还田的秸秆分解速度缓慢，影响效果，因此对还田要求较为严格。秸秆间接还田是利用秸秆进行发酵或养畜，经生物处理后生产有机肥，促进生态农业和畜牧养殖业发展。秸秆纤维降解性好，可以用于造纸、轻型建材等产品的生产制造，对人类生活品质提升、绿色生态发展起到积极作用。但由于相关技术工艺、效益等因素，其在北方地区的发展受到一定程度的制约。秸秆基料化是以秸秆栽培食用菌、大棚育苗、用作花木基料，但秸秆基料化应用比例较低。

其中水稻秸秆饲料化是将水稻秸秆进行收割、铡切或揉搓等一系列加工处理后作为原料，通过添加一定量的水分和腐解剂，在密闭厌氧条件下进行发酵处理。其原理是乳酸菌等一些有益菌能够将秸秆中大量的纤维素、半纤维素及一些木质素进行分解转化为有利于菌类生长繁殖所需要的糖类物质，而这些糖类经过发酵转化为乳酸和挥发性脂肪酸，使得秸秆饲料的 pH 下降至 $4.0 \sim 5.0$，从而抑制霉菌等一些有害菌的生长繁殖，达到保存秸秆营养的目的。使用微贮技术发酵后的水稻秸秆能够提高秸秆感官品质及适口性，饲料蛋白质的含量也有所提高，同时秸秆饲料在动物体内的消化利用效率也有一定程度的提高。除此之外，还能够增加秸秆微贮饲料中各种消化酶、维生素等一些营养物质的含量。经微贮发酵过的秸秆能够培养出大量的微生物活菌，不仅能够防病抑菌，还能够增强动物机体的免疫力，在生产上节约了大量的成本。可以将此技术应用于牛、羊等反刍动物的生产之中。

二、原料化利用存在问题

我国非木材植物人造板的发展中，以甘蔗利用最早，竹材人造板发展最快。我国利用麻秆生产刨花板和中密度纤维板的研制工作，现已取得成功，实现大批量生产。20 世纪 80 年代后期我国开始研究蔗渣制造人造板，在南部省份建成了 10 多家甘蔗渣碎料板厂，在浙江等地建成了稻壳板生产线。2008 年，我国建成麦秸秆、稻秸秆碎料板生产线 10 多条。

近几年竹材人造板发展很快,秸秆-塑料复合材料兼具秸秆与塑料的双重属性,可以代替塑料应用于建筑或汽车制造业,是目前人造板发展的热点之一。秸秆皮穰的差异性较大,秸秆皮的木质素含量高,用作板材加工,抗拉、抗压强度可以满足日常要求;秸秆穰质地松软,抗拉、抗压强度较低,不适于用作板材。国内学者分析了用麦秸制造复合材料时麦秸与塑料之间的热反应,发现采用 30~40 目的麦秸粉末颗粒生成的板材抗拉强度较高,并找到了麦秸与塑料造板时的最佳配比。以聚丙烯和小麦秸秆纤维为原材料,制造麦秸-塑料复合材料,探讨了制造工艺、磨解条件以及改性方法等对生成的材料性能的影响。利用油菜秸秆与聚乙烯制备秸秆-塑料复合材料,研究了如何增强秸秆纤维与聚乙烯基体的相容性的方法。

国外使用农作物秸秆生产人造板的起步较早,目前工业化生产已较为成熟。早在 20 世纪 50 年代,比利时建立了第一条以亚麻秆为原料的刨花板生产线,年产量最高可达到 90 米^3。英国于 20 世纪 40 年代中期开始使用稻秸秆制造人造板。美国于 1920 年将甘蔗渣用于高密度板生产,1963 年转为甘蔗碎料板生产。20 世纪 80 年代后期,菲律宾建立了使用稻壳生产人造板的生产线。纤维添加量的增加会提高复合材料的弹性模量,植物纤维添加量的增加会降低复合材料的断裂拉伸伸长率,纤维添加量的增加会降低复合材料的抗冲击能力。对木纤维/聚乙烯复合材料进行研究,发现 170℃为复合材料的临界温度,在此温度下,木纤维的热分解不明显,超过这个温度木纤维开始失重,性能迅速降低。在挤塑过程中断裂的长纤维作用接近于微细纤维,纤维作为复合材料的增强材料时,长宽比越大,复合材料的拉伸强度越好。

带有酚醛树脂等黏合剂的人造板在生产和使用过程中会大量释放有害气体,目前已经引起生产商和消费者的注意,人造板市场目前迫切需要转变为无胶板材。所谓无胶胶合就是不添加合成树脂黏合剂(如脲醛树脂和酚醛树脂等),通过特殊的处理方法,使得纤维原料的表面被活化，从而产生有胶黏性的物质，最终原材料在热压条件下胶黏成板。胶合主要取决于相邻的纤维素或半纤维素分子间的羟基缔结的氢键。1979 年发现范德华力在硬质纤维板的力学性能中起到重要的作用，无定形状态下的纤维素分子的玻璃化转换温度为 220℃，半纤维素为 170℃，木质素为 200℃。后来，由于湿法工艺会产生大量废水而逐渐被淘汰。目前无胶人造板的研究转向干法工艺，具体集中在：原材料的选择、天然黏合剂研究、酶或化学物质引发自由基法、喷蒸热压法及其无胶机理的研究。

第二节　秸秆转化利用技术研究进展

一、秸秆化学转化制备化工品

就秸秆转化而言，气化、热解、液化、水解是四种典型的转化方法。

（一）气化

秸秆气化制备合成气可由秸秆直接气化得到，也可由秸秆经快速热解所得生物油气化得到。但秸秆直接气化得到的合成气存在 H_2 含量低、CO_2 含量高、H/C 比值较低、CO_2/CO 比值较高、焦油含量高等问题，如果不经过后续的合成气重整变换，很难满足传统化学合成工艺的要求。与秸秆直接气化相比，生物油气化制合成气优势明显：

①生物油易收集、贮存、运输，可将其集中进行气化，解决秸秆大规模收集、贮存和运输的问题。

②可以通过油泵实现带压连续进料。

③可以避免秸秆高温气化灰分熔化所带来的排渣问题。

④可以与其他液体碳氢化合物混合进行气化制备高品质合成气。

合成气是连接生物质等上游可再生资源和汽油、柴油、乙烯、丙烯、醋酸、芳烃等下游产品的中间枢纽，因此基于合成气的热化学与催化技术集成是国内外的研究热点之一，合成气制造和组成调变及合成气转化利用相关的关键技术研究还需进一步突破。

(二)热解

秸秆在无氧或缺氧条件下,以高加热速率、超短产物停留时间和适当裂解温度进行快速热解,生成的热解气经快速冷凝后所得的液体产物即为生物油。生物油酸性大、含氧量高、黏度大、热值低,这些特点决定其需通过精制后才能代替石油用于内燃机。生物油提质的主要化学方法是加氢脱氧,目标是降低生物油的含氧量,但消耗大量的氢得到的却只是非能源的水。生物油本身是由碳链长短不一的醇、醛、酮、酸及其各种衍生物组成的复杂含氧混合物,若对这些复杂组分进行重整、还原、酯化、异构化,使其生成稳定的含氧衍生物,如醇、醚、酯等,即可提升生物油品质。当前,国内外的研究重点在于催化剂筛选与催化关键技术突破等方面,特别是对于相同催化剂上进行醛酸一步加氢酯化反应,实现生物油的同步除醛酸与提质。

(三)液化

与气化和热解相比,液化是较为温和的一种秸秆转化技术,一般是指在常压和较低的温度(100~250℃)下,以酸或碱作为催化剂,将秸秆在有机溶剂中降解为小分子液态产物。秸秆液化的常用溶剂主要有苯酚、小分子醇(乙二醇、二甘醇、甘油等)、大分子醇(聚乙二醇等)或其混合物,得到的液化产物为富含活性羟基的生物质基多元醇,可用于制备聚氨酯泡沫等高分子材料。当使用多元醇为液化溶剂时,其液化过程称为醇解。当前,国内外对于生物质液化技术的研究重点集中在液化机理、液化动力学、绿色液化技术、产品结构与性能等方面。秸秆液化技术的主要问题在于液化产物除了羟基化合物外,还存在醛、酮、酸、酯等不饱和羰基化合物,导致后续深加工(如聚氨酯发泡)产生大量副产物,消耗大量催化剂,影响产品质量及性能。对液化产物进行加氢精制,实现醛、酮、酸、酯等物质尽可能多地转化为醇类物质是解决该问题的可行途径。

（四）水解

与上述三类秸秆转化技术不同，水解技术可将秸秆转化为糖基平台化合物，进而合成其他高值产物。秸秆水解主要包括酸水解与酶水解。酶水解工艺条件温和、水解副产物少、糖化得率高，但纤维素酶的回收效率低、稳定性差，成本居高不下，且酶水解预处理工艺复杂，成本较高。建立高效、绿色、低成本的预处理及酶降解工艺是近年来国内外秸秆酶水解的研究重点。酸水解又分为浓酸水解与稀酸水解，浓酸水解腐蚀性强，对反应器的要求高。稀酸水解反应条件比较温和，反应速率较快，成本相对较低，易于产业化应用。但稀酸水解易使糖苷键活化而发生断裂，在酸性介质中单糖易发生降解，导致水解产物复杂，目标产物选择性低，水解产物分离纯化困难，难以实现目标产物的定向精准控制，导致秸秆资源利用率低。要实现秸秆水解技术的精准控制关键在于探明秸秆的水解机理，既要控制好原料（纤维素、半纤维素、木质素）的水解程度，也要控制好产物（糖或平台化合物）的得率及选择性。

二、秸秆生物转化制备化工品

秸秆水解液富含可发酵的六碳糖与五碳糖，是一种理想的发酵底物。同时，秸秆经过预处理后的生化降解性能也会大大提升，有利于通过厌氧发酵制备高值化工品，如生物乙醇、生物丁醇、生物燃气、微生物油脂等。本部分将介绍若干种典型的秸秆生物转化制备得到的化工品。

（一）生物乙醇

生物乙醇被认为是一种具有产业化潜力的清洁生物能源，有望作为传统化石能源的重要补充，近年来一直是国内外学者的主要研究对象。随着全球资源与能源问题的日益严重，全球乙醇产量稳步提升，目前乙醇主要在巴西、美国生产，我国乙醇产量居世界第三。生物乙醇可由一系列的生物质原料制备而成，这些原料包括淀粉（谷类）、甘蔗、木质纤维素（秸秆等）。与采用淀粉、甘蔗原料制备乙醇相比，以秸秆为原料制备乙醇适用于全球大部分国家，且不会造成"能源与粮争地"的问题。近年来，国内外的研究多集中在原料预处理、高产菌株构建及细胞固定化、发酵策略改进等方面，基本实现了高浓度底物、高密度培养、高乙醇产率和高细胞性能。

（二）生物丁醇

生物丁醇工业用途广泛，其生产原料及工艺与生物乙醇相似，但制备路线较生物乙醇复杂，副产物较多，分离纯化要求更高。与生物乙醇相比，生物丁醇具有更好的应用优势。丁醇发酵所用的丙酮丁醇梭菌不但可同时利用秸秆水解液中的己糖和戊糖组分，克服传统酵母乙醇发酵不能利用戊糖的不足，还可在发酵过程中产生大量酵母乙醇发酵不能生成的绿色能源物质（H_2）。此外，丁醇作为一种重要的化工品，其能量密度及市场价格也高于乙醇，更适合产业化。我国丁醇产业化进行较慢，具备生产能力的工厂少且较集中，产品缺口较大，产业化空间较广。当前秸秆水解发酵制备生物丁醇的国内外研究主要集中在原料预处理与水解、代谢工程、新型发酵及分离纯化等方面，通过上述技术的突破显著提升了生物丁醇制备工艺的底物转化率、总溶剂得率及丁醇得率。

（三）生物燃气

生物燃气俗称沼气，是微生物发酵产生的一种可燃性混合气体，其主要成分是 CH_4 与 CO_2。我国秸秆产量丰富，如能充分利用这些农业废弃物来产沼气，既可改善生态环境，又能一定程度上解决能源问题。总体而言，我国生物燃气产业化程度不高，不能大规模应用的瓶颈是管理困难以及预处理成本高，原料容易酸化使产气量少、甲烷含量低。因此亟须开发一种适应性强、可大规模生产的生物燃气制备工艺与相关设备。改进秸秆的预处理技术、厌氧发酵模式、厌氧反应器是实现秸秆高效厌氧消解的主要方向。近年来，国内外学者围绕上述关键技术进行了重点攻关，目前已大大缩短了秸秆厌氧消解制备生物燃气的启动周期，搭建了运行稳定、沼气得率高、沼气甲烷含量高的技术平台，完成了若干中试及产业化示范。

（四）微生物油脂

微生物油脂是微生物合成并贮存在菌体内的甘油酯，在轻工食品、医疗保健、能源化工领域有重要用途。生产成本尤其是培养基成本限制了微生物油脂规模化生产，以一系列廉价原料特别是秸秆水解液为底物进行油脂发酵可显著降低其生产成本，解决生产成本问题。微藻、酵母、真菌、细菌等微生物均可以合成微生物油脂，其中微藻与酵母在微生物油脂生产中应用较多。油脂微藻具有较好的环境适应性，生长速率较快，可大规模培养。油脂酵母由于对秸秆水解液中的五碳糖具有较好的发酵性能及对水解液中抑制物具有较好的耐受能力，受到了广泛的关注。近年来，国内外学者通过代谢工程、原料预处理、发酵优化与调控等手段不断改进木质纤维素水解液中油脂发酵的技术，有效提升了底物转化率与油脂得率，使该技术展现出一定的产业化潜力。

（五）细菌纤维素

细菌纤维素是由某些细菌合成的一类生物天然高分子化合物，与植物纤维素不同，其并非细胞壁的结构成分，而是细菌分泌到胞外的产物，呈独立的丝状纤维形态，且不掺杂木质素、半纤维素等植物纤维素的杂质，因此具有许多植物纤维素没有的独特理化性能，如高纯度、高结晶度、超细性（纳米级），单一纤维形式，分子取向一致，极强的持水能力，高杨氏模量、抗张强度和形状维持能力，较好的生物适应性，形状及性能可调控等。细菌纤维素及其复合材料可用于生物医疗、食品、材料、高分子等。近年来，木质纤维素水解液被证明可用于发酵制备细菌纤维素，显著降低了细菌纤维素的制备成本。与秸秆制备其他生物基产品相比，细菌纤维素制备的研究起步较晚，但其应用前景十分广阔，特别是在高值功能性材料领域方面。

（六）其他

秸秆水解液还可通过微生物发酵制备其他高值产品，如丁二酸、1,3-丙二醇、乳酸等。丁二酸（琥珀酸）是重要的 C_4 工业产品，在表面活性剂、食品、保健品领域用途广泛。传统上，丁二酸的生产主要依靠石油化工，但现在利用生物转化手段被认为是更绿色、更有前景的制备工艺。1,3-丙二醇是一种重要的化工原料，为生产聚酯材料的单体原料。1,3-丙二醇的制备通常是通过发酵法将培养基中的糖类物质转化为甘油，而甘油再进一步生成 1,3-丙二醇。乳酸是微生物发酵主要的产物之一，在食品、医药、农业、工业上用途广泛，秸秆同样可以作为乳酸发酵的底物。

第三节　秸秆转化产品的高值化精深加工

一、秸秆化学法转化产品的精深加工

如上节所述，气化、热解、液化、水解等技术都可将秸秆转化为不同化工品。与其他化学转化技术相比，水解技术研究起步相对较晚，其转化技术的高值化利用更需要其他技术的协同集成。结合化学法与生物法对秸秆转化产品的精深加工，才能实现秸秆的高值化综合利用。本部分以秸秆水解技术为例，介绍秸秆化学法转化产品的精深加工。

（一）秸秆水解液脱毒精制

秸秆水解获得的水解液往往需要进一步脱毒精制才可用于微生物发酵或分离，纯化后获得一系列平台化合物。目前水解液脱毒精制的方法主要有生物法、化学法和物理法三种。

生物法通过微生物或酶改变发酵抑制物的结构而降低其毒性。主要缺点是处理时间长，且微生物生长会消耗大量糖类物质导致水解液糖损失严重。酶处理具有高选择性、快速和低副产物等优点，但酶价格昂贵，且酶催化具有单一性。

化学法通过改变水解液的 pH 从而改变发酵抑制物的电离特性，或通过化学沉淀来降低发酵抑制物毒性，能有效去除醛类和有机酸等物质，但对酚类物质去除效果不佳。

物理法主要包括蒸馏法、溶剂萃取法及吸附法。其中，蒸馏法能去除一些低沸点抑制物，但高沸点抑制物难以去除，且蒸馏能耗高。溶剂萃取法对水解液中的各种抑制物去除效果较佳，但萃取过程效率低、溶剂消耗大，工业应用受到限制。吸附法主要用活性炭、离子交换树脂和吸附树脂等吸附。活性炭对水解液中各种抑制物都具有较好的吸附性能，但选择性较差，糖损失率较高，且活性炭较难重复使用，成本较高。离子交换树脂对水解液中各种抑制物有较高的吸附容量和吸附选择性，但树脂洗脱再生会产生大量的酸碱废水，污染环境。大孔吸附树脂是一类不含离子交换基团、内部呈交联网状多孔结构的高分子吸附剂，具有机械性能好、孔结构可控、选择性好、容易再生等优点，有望成为秸秆水解液高效脱毒精制的理想介质。近年来，国内外通过技术创新，例如通过表面功能基团修饰（酯基功能基团改性、酰胺基团改性）和后交联傅克反应提高大孔吸附树脂的比表面积，从而提高介质对有机酸、呋喃类物质的吸附能力，为新型高效的吸附介质的开发开辟了方向。

（二）秸秆水解液平台化合物高值化转化

秸秆经无机酸水解及精制后可得到葡萄糖、木糖、阿拉伯糖等糖类及其脱水产物糠醛、乙酰丙酸等。通过调节水解条件（酸浓度、水解温度、水解压力等），可控制水解液中各组分的浓度。糠醛和乙酰丙酸是生物质转化过程中两种重要的平台分子。糠醛加氢可以转化制备糠醇、四氢糠醇、2-甲基四氢呋喃、呋喃等高附加值产品。目前糠醛加氢所用的催化剂主要有 Ni、Cu、Co、Au、Ru、Pt、Pd 及其双金属催化剂，Al、Fe、Mn 改性 Cu-Zn 氧化物催化剂及 Cu-MgO 基催化剂，Fe、Co、La、Ce、Mo 等改性 Ni（Co）-B 非晶态合金催化剂。糠醇可以进一步水解为乙酰丙酸，乙酰丙酸及其酯类可以加氢转化制备 γ-戊内酯（γ-valerolactone，GVL）、戊酸酯、1,4-戊二醇、2-甲基四氢呋喃等液体燃料和化学品。常用的有 Al_2O_3、TiO_2、HZSM-5 等不同载体负载贵金属的催化剂和 Cu、Ni、Co 等非贵金属催化剂以及 Cu-Fe 合金催化剂等。近年来，非晶态催化剂因其高催化活性和高产物选择性、反应压力和温度更低，受到了广泛的关注，用于糠醛加氢制糠醇及乙酰丙酸丁酯加氢制备 GVL 等反应，在反应转化率、产物选择性、催化剂寿命上显示出较好的效果。

二、秸秆生物法转化产品的精深加工

生物转化可将秸秆转化为化学方法难以合成的各类生物基产品，这些产品可作为平台化合物进一步通过催化、高分子合成等手段制备功能性更强、市场价值更高、用途更广泛的高值产品。本部分将以一些典型的生物基产品为例，阐述秸秆生物法转化产品的精深加工。

（一）乙醇高值化转化

秸秆水解发酵制备乙醇是秸秆生物转化研究最早、最多的工艺，在生物能源领域作用巨大。除作为能源外，乙醇也可被用作平台化合物合成各类高值产品。乙醇不仅是生物转化的重要产品，也是生物质合成气催化转化的重要产品，利用乙醇可以合成一系列化工产品如烃类（从轻烯烃到长链烯烃/烷烃和芳烃）以及其他含氧化合物（如 1-丁醇、乙醛、丙酮、乙醚和乙酸乙酯等）。

（二）微生物油脂高值化转化

当前，微生物油脂作为秸秆生物转化的另一个主要产品，主要被用作生物柴油的原料。但实际上，作为植物油脂的重要补充，微生物油脂能合成一系列重要的油脂基化工品。就深加工的产品而言，油脂基衍生物明显要多于淀粉基或者蛋白基衍生物。以微生物油脂为原料，通过环氧-开环的催化技术制备生物基多元醇，也可制备一系列生物基表面活性剂、柔软剂、复合材料等产品，从而在精细化工领域扮演重要作用。

（三）细菌纤维素高值化转化

细菌纤维素具有植物纤维素不可比拟的物化性能，因此在材料领域发挥着重要作用，以细菌纤维素为基材可以合成一系列的功能性复合材料，如超吸水材料、改性聚丙烯、絮凝剂、金属复合材料、食品材料、医用材料（人造血管、皮肤、器官、骨骼等）、磁性材料、纳米纤维等，可为医疗、材料、化工、轻工等领域提供大量高值产品，为秸秆制备具有市场前景的高值产品提供了另一个重要的思路。

(四) 其他生物基产品高值化转化

1,3-丙二醇是重要的化工中间体,以其为原料可制备聚对苯二甲酸丙二醇酯纤维等一系列高值产品。丁二酸的化工品市场潜力巨大,主要被用于合成 C_4 大宗化学品丁二醇、四氢呋喃、丁内酯等。乳酸作为一种重要的微生物发酵产品,在工业上也是一种重要的平台化合物,为材料、化工等工业部门提供绿色可再生的原料。

显然,对于大部分秸秆水解发酵制备的化工品而言,所获得的产品往往并非技术的终点,通过化学转化将这些平台化合物进一步转化为各类高值产品,可真正实现秸秆的高值化综合利用。

第四节　秸秆皮穰分离国内外研究现状

一、国外秸秆皮穰分离研究现状

玉米秸秆在国外被广泛应用在燃料、建材、饲料、肥料、造纸、培养食用菌及纺织等领域。在研究物料皮穰分离上,国外主要以甘蔗与玉米秸秆为研究对象,分离出甘蔗与玉米秸秆的皮和穰。

如图 2-1 是 Sydney. E. Tibly 等采用剥离辊刷的方法将甘蔗秸秆皮穰分离,秸秆在喂入机械中后,经由辊刀切割开囊,刷辊刷出秸秆穰,秸秆皮在压辊作用下呈条状输出。试验结果表明,秸秆皮穰分离效率高,提高了汁液生产率。

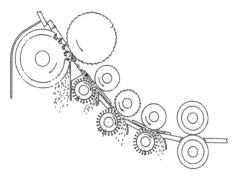

图 2-1　美国专利——甘蔗皮穰分离装置

图 2-2 是 Cundiff. J. S 等采用不同的切转速将新鲜收获的秸秆与存放 1 个月后的秸秆剪切成 3 种不同长度的秸秆段，切断过程伴随机械振动秸秆皮穰产生破碎分离，破碎的秸秆皮穰经振动筛人工分选获得秸秆穰。秸秆分离结果表明，切刀转速和切段长度对皮穰分离有显著影响。

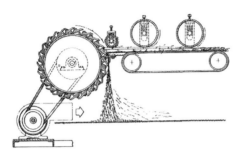

图 2-2　美国专利——甜玉米秸秆皮穰分离机

Worley J. W. 等设计了玉米秸秆螺旋压力分离装置，装置提高了获取玉米秸秆穰中汁液的占比，用于生产酒精，降低了生产中的能耗。

国外秸秆皮穰分离方面的研究中，玉米秸秆皮穰分离方面主要针对小尺寸颗粒（5 毫米及以下），小颗粒虽然很好的分离了皮和穰组织，但过于细小颗粒影响了秸秆使用范围，而真正有利用价值分段秸秆皮穰分离的研究较少。

二、国内秸秆皮穰分离研究现状

我国从 20 世纪 90 年代开始研究玉米秸秆皮穰叶分离，但以玉米除叶为主要研究对象，从 2000 年左右开始，高梦祥等对玉米秸秆茎叶分离进行了研究，在分析玉米秸秆基本生理特性的基础上，对玉米秸秆的茎叶连接力特性、叶鞘的抗拉特性以及茎秆和叶鞘的抗冲击特性进行了研究，提出了一种冲击式茎叶分离试验方法（图 2-3）。主要工作原理是，以钢丝为冲击构件，交错排列在主轴上，以前后两对木辊作为喂入系统，对玉米秸秆进行了茎叶分离试验，取得了一定的成果，但尚存在分离率低和冲击部件易损等问题。

图 2-3　冲击式茎叶分离试验

2012 年，朱新华等提出压扁碾搓法的工作原理并设计了一种玉米秸秆茎叶分离装置（图 2-4），主要工作原理为通过碾搓、搓擦和撕裂等作用，对玉米秸秆进行茎叶分离。工作时，将玉米秸秆平铺进料槽中，使其进入一对转速相同、方向相反的压辊压扁，再在压辊推送的作用下送入转向相反且具有线速差的两条剥叶带之间，剥叶带在沿秸秆长度方向产生一定的碾搓、搓擦和撕裂作用，最终实现秸秆的茎叶分离。

图 2-4　玉米秸秆茎叶分离装置整机结构示意

众所周知，玉米秸秆主要由皮、穰、叶三大部分组成，茎叶分离只是秸秆资源综合利用的工作之一，为实现玉米秸秆皮、穰、叶分类高效利用，还应该在茎叶分离的基础上进一步实现皮穰分离。2013 年左右，王德福等设计玉米秸秆皮穰机械式分离机（图 2-5），分离机主要由除叶机构和剥穰机构组成。除叶机构主要由上下两对相对旋转的齿辊组成，上下除叶辊等速相反旋转，对玉米秸秆形成上下相互支撑的作用，进而进行除叶作业。剥穰机构主要由夹持切割辊、展开部件、压平碾压辊、剥穰辊和支撑板组成，秸秆由喂入台输入，经输送辊进行分流处理，通过输出口进入皮穰分离机，再经由夹持定位辊夹持作用将秸秆带入分离机内，这种机构喂入技术基本成熟。

图 2-5　玉米秸秆皮穰叶分离机

2012 年，战晓林等人研制了新型玉米秸秆去叶除芯自动机（图 2-6），去叶除芯自动机主要由自动上料装置、打叶装置和除芯装置构成。自动上料装置将成捆秸秆排为单根进料，打叶装置将茎叶分离。除芯装置通过四对传动轴设置行星轮、铣刀、铣刀槽和劈刀将穰分离出来。在此基础上，传动轴设计板型固定和角铁固定方法经过试验分析，角铁固定方法优于板型固定法，在此基础上优化了除芯装置，最终实现秸秆的叶、皮和穰分离并分类收集。

2011 年左右，杨中平等人对玉米秸秆主要组分的气流分离进行了研究。通过对秸秆主要组分构成的测定，对茎秆碎料粉碎特性和压缩特性进行了试验，测量其悬浮特性，找出了秸秆试样的悬浮速度与试样尺寸中间的关系，在此基础上研制了茎秆碎料水平和垂直气流分离试验装置，进行可行性试验。试验结果表明，垂直气流分离优于水平气流分离，在此基础上研制了垂直气流分离装置（图2-7）。

图2-6　新型玉米秸秆去叶除芯自动机

图2-7　垂直气流分离系统

国内大多数学者针对整根秸秆进行研究，整秆皮穰剥离因效率低而无法满足生产需求。另一方面，以秸秆的物料机理及皮穰分离总过程为深入研究对象，而忽略了对于秸秆的预处理，特别是秸秆皮穰分离机喂入装置的预处理研究甚少。通过对秸秆物料属性的研究可知，对秸秆的压缩及剪切等作用会破坏秸秆皮穰之间的黏结力，所以对秸秆精细化预处理过程进行研究是尤为重要的。

第五节　秸秆高值化利用机械国内外科研与应用

一、秸秆物理特性国内外研究现状

国内外对秸秆的力学特性研究比较早，早在 1970 年，学者 Singh 研究了玉米秸秆物理、力学性能和产量之间的关系，得出结论：产量和生物特性有关，与力学性能无关。赵东等在 20 世纪末期研究了玉米秸秆粉体压制成型过程中粉粒体压胚的密度分布规律，得出结论：压坯密度与颗粒粒径、温度、压力等之间有显著相关性。2005 年，Narendra Reddy 对处理后玉米秸秆纤维的拉伸性能进行试验和光谱分析，得出结论：玉米秸秆适合做棉麻产品。勾玲等在 2008 年做了茎秆悬臂梁弯曲试验，针对不同品种玉米的茎秆弹性模量和最大抗弯应力的变化规律及其与种植密度之间的关系，得出结论：玉米茎秆基部节间的弹性模量以及最大抗弯应力是抗倒伏能力的重要指标。Rodriguez 研究了加入玉米秸秆纤维的高聚合材料的拉伸力学性能，并通过修正公式计算，得出结论：加入玉米秸秆纤维的强度比没有加入的要高。廖娜等在 2011 年通过试验测定秸秆穰黏弹性参数，建立玉米秸秆穰有限元模型进行数值压缩过程仿真计算，得到结论：秸秆具有各向异性、非匀质、非线性等特点。陈艳军等在 2011 年对不同品种玉米秸秆的抗压强度和弹性模量进行了测定，并设计了玉米秸秆弯曲强度测定仪以及弹性模量测定仪，得出结论：秸秆品种对秸秆的抗压强度无显著影响。高欣等在 2013 年对玉米秸秆皮、髓、节及整秆的拉伸、压缩、弯折等力学性能进行了较为全面的试验研究，得出结论：玉米秸秆的物料属性和自然因素会对秸秆的力学性能有很大影响。李强和郭颖杰等分别在 2015 年对不同含水率的玉米秸秆进行了剪切力学特性（如抗剪切力及抗剪切模量）的测定，得出结论：刀具刃角、剪切速度、取样位置对剪切力有较大影响。

虽然国内外学者在秸秆的机械特性上做了大量的研究和试验，但针对秸秆皮穰分离机设计的专门机械特性耦合分析较少，导致部分分离机性能与秸秆属性无法完全匹配而降低工作效率和使用寿命，所以针对物料特性对机械结构设计研究尤为重要。

二、拓扑设计在机械上的应用

结构拓扑优化作为一种有效的设计工具，可以获得比传统的形状、尺寸优化更轻的结构，在工程结构轻量化设计中具有广阔的应用前景。

目前，结构拓扑优化是结构优化领域研究的难点和热点问题。围绕结构拓扑优化问题，国内外学者已开展了大量的研究。2017 年，L. Siva Rama Krishna 利用变密度技术和 Altair 对 Stratasys 公司的 Fortus 250mc FDM 机器做了优化设计，得出结论：SIMP 方法可以有效地在制造过程中应用。V. Mahesh 在 2011 年讨论了作业车设计最优方案，得出结论：应用双幂启发式算法解决了结构调度问题。Dongkyu Lee 在 2016 年应用变密度法对泊松比材料进行力学研究和设计，得出结论：正泊松比材料通常用于结构，与负泊松比材料相比材料冲击性更加脆弱。Mahsan Bakhtiarinejad 在 2016 年采用全局搜索算法和拓扑优化相结合的方法，提出了一种构件布局和支撑框架结构的逐步优化设计方法，得出结论：优化布置及其周围的最优支撑框架结构将逐步应用于商用波音 757 飞机机翼设计问题中，该方法可以为复杂的多构件结构现代工程系统提供设计思路。康忠民在 2017 年对利用拓扑优化方法对重型卡车车架做了概念设计，得出结论：在 SIMP 法的帮助下设计新型拓扑结构，满足了设计要求。施跃文在 2016 年应用结构拓扑优化设计对压机下梁结构进行优化设计，得出结论：在保持原压机强度的前提下，结构总体质量减小 16.5%。同在 2016 年，何旅洋运用混合元胞自动机方法对某航空发动机叶片进行了动力学拓扑优化设计，得出结论：在减少质量体积的同时，优化后叶片材料密度分布更加合理。2014 年，曾令奇在数控插齿机床上引入拓扑优化设计解决制造工艺难题，得出结论：拓扑优化设计可有效优化制造工艺约束，满足生产要求。

在汽车、船舶、航空航天及工业机械等领域，国内外学者应用拓扑优化方法取得了大量研究成果，但鲜有在农业机械上应用。随着农业机械现代化进程加快，新的优化设计方法引入以解决农业机械工程问题也成为趋势。

Chapter 3

第三章
玉米秸秆物理机械特性研究

玉米秸秆物理机械特性是分离秸秆皮穰的基本原理。含水率是秸秆力学特性指标的重要影响因素，宏观上影响秸秆皮穰间的黏结力和破坏内力，微观上会改变木质素、半纤维素、纤维素的物质组成结构。玉米秸秆的高值化和精细化利用要考虑不同水分带来的影响。秸秆的压缩临界值和剪切力也是秸秆力学指标的重要组成部分，对机械设计皮穰分离率和功耗有极大的参考价值。

第一节 秸秆含水率试验

玉米秸秆内的水有两种，一种是自由水，指与纯净水相同的流动运动细胞组分间吸附能量差的自由形态水；另一种是束缚水，指存在于蛋白质活性基和碳水化合物活性基中不易结冰，不能移动，不易蒸发的水。在玉米等作物中，水分散失主要来自自由水，自由水的集聚散发会使作物含水率降低，而束缚水散失的快慢对水分散失影响不显著。研究秸秆水分的散失特性规律和微观组织变化对研究秸秆含水率及机械特性有重要参考价值。

一、材料与方法

1. 材料　对玉米秸秆进行水分测定试验。5 种状态：8 月收获秸秆 $N1$、风干两周秸秆（除叶秸秆南北通透室内平铺风干）$T1$、风干 1 个月秸秆 T2、风干两个月秸秆 F1、风干 4 个月秸秆 F2 各 3 根，试验样品选取直径 20～35 毫米、长度 1.7～2.0 米，样品除叶由下至上选取 9 个节间中段，截取 25 毫米长进行试验。

2. 试验方法　选取形态相似的玉米秸秆，称取初始秸秆质量与不同时长自然风干后的秸秆质量，利用鼓风干燥箱烘干冷却，测量秸秆不同时长的含水率，具体试验步骤如下：

（1）5 种状态秸秆选取 3 根形态相似、生长均匀的玉米秸秆，分别标记为样品，再将样品由下至上分成 9 节，每节标记为 1、2、3、4、5、6、7、8、9。

（2）再从每节截取长约 25 毫米为试验样本，放在电子秤上称重，质量为 m。

（3）参照 GB/T 5497—85《粮食、油料检验水分测定法》标准，将称重后的秸秆节样品放入电热烘干箱中干燥 24 小时，将烘干的试样取出冷却，称重记录后再将试样放入烘干箱继续烘干，每隔 5 分钟后用相同方法测量，直到连续两次称重没有明显质量差为止，记录质量为 m_1。

（4）采用计算公式进行水分测定，含水率公式为：

$$v = \frac{m - m_1}{m} \times 100\%$$

式中　m——试样初始质量；

　　　m_1——试样烘干后质量。

二、试验设计

按照上述步骤，测得不同状态下样品玉米秸秆各节间的含水率平均值如表 3-1 所示。

表 3-1　玉米秸秆含水率统计表

编号	样品 X_1	节间位置含水率 V（%）								
		1	2	3	4	5	6	7	8	9
1	N1	81.5	80.5	80.0	80.0	79.5	79.0	78.5	78.5	78.0

编号	样品 X_1	节间位置含水率 V（%）								
		1	2	3	4	5	6	7	8	9
2	T1	67.5	66.0	66.0	65.5	65.5	65.0	65.0	64.0	64.0
3	T2	47.5	46.0	45.0	45.0	44.5	44.5	44.0	43.5	43.5
4	F1	32.5	32.5	32.0	31.5	31.5	30.5	30.5	29.0	29.0
5	F2	11.0	11.0	10.5	9.5	9.5	9.0	8.5	8.5	8.5

三、试验结果与分析

试验结果显示，8 月采摘玉米秸秆的含水率分布为 78.0%～81.5%，平均值为 79.5%，标准差为 1.05%；风干两周秸秆的含水率分布为 64.0%～76.5%，平均值为 65.4%，标准差为 1.02%；风干 1 个月秸秆的含水率分布为 43.5%～47.5%，平均值为 44.8%，标准差为 1.20%；风干两个月秸秆的含水率分布为 29.0%～32.5%，平均值为 31.0%，标准差为 1.27%；风干 4 个月秸秆的含水率范围为 8.5%～11.0%，平均值为 9.6%，标准差为 0.98%。

秸秆在 5 种状态下的含水率基本符合线性下降，含水率差异较大。8 月采摘玉米秸秆中水分占比大，风干放置一段时间秸秆物质和水分占比不同，而风干 4 个月的秸秆可视作为只有束缚水的干物质，含水率的高低对秸秆的力学性能有很大的影响。

根据表 3-1 秸秆风干时间与含水率关系，通过平滑过渡差值方法绘制样条曲线，8 月 5 日为初始日期计算，4 个月为周期，每月 30 天，共 120 天。绘制整体秸秆含水率随风干时间曲线如图 3-1 所示，曲线符合二次系数方程，根据差值计算绘制拟合曲线，根据拟合曲线计算方程为：

$$y = 0.007x^2 - 1.401x + 82.556$$

式中　y——秸秆含水率，%；

x——风干天数，天。

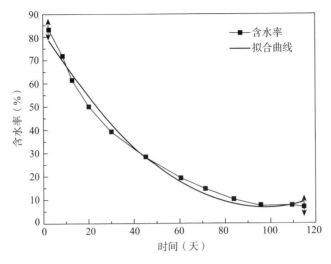

图 3-1　含水率与整根秸秆风干时间曲线

方程二次项标准误差为 0.001 5，二次项标准误差为 0.002 9，一次项标准误差为 0.155，方差 0.989 6。曲线满足拟合方程要求。

第二节　秸秆临界压缩强度试验

玉米秸秆受压缩力作用致使部分皮穰分离，秸秆皮穰泊松比有较大不同，穰质地松软易压缩，皮质地坚硬不易压缩。临界压缩强度即试验机压缩作用于秸秆上，致使秸秆直径压缩变形需要的强度。研究临界压缩强度对秸秆压缩力及皮穰分离具有指导意义。

一、材料与方法

1. 材料　本研究对玉米秸秆临界压缩强度进行试验，试验材料采集于试验田。根据秸秆含水率试验，分别选取含水率为 80%、60%、45%、30% 和 10% 的玉米秸秆。试验样品选取直径 20~35 毫米、长度 1.7~2.0 米的秸秆。

2. 试验仪器　英斯特朗（上海）试验设备贸易有限公司 5940

型电子万能材料试验机，如图 3-2（载荷测量精度 0.5%，加载、延伸和应变通道同时工作 2.5 千赫，数据采集率速度范围 0.05～2 500 毫米/分钟，电源 220 伏）；常熟市双杰测试仪器厂生产的 JJ523BC 型电子秤（精度 0.01 克）；无锡玛瑞特科技有限公司立式鼓风干燥箱 101-A00（控温范围 10～300℃、温度分辨率 0.1℃、波动度 0.1℃、工作环境温度 5～40℃、输入功率 800 瓦）。

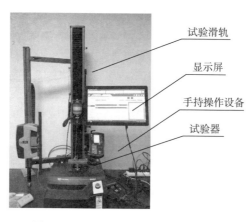

图 3-2　5940 型电子万能材料试验机

3. 试验方法　选取形态相似的玉米秸秆，通过万能试验机对秸秆进行压缩试验，以含水率、取样部位和压缩加载速度为变量，得到压缩强度与压缩位移之间的曲线，具体试验步骤如下：

（1）样品除叶由下至上选取 9 个节间中段，根据含水率试验可知，相邻节间含水率相同或近似，由下至上取样第 1 节、第 3 节、第 5 节、第 7 节和第 9 节，每段截取 25 毫米长度待试验。

（2）安装电子万能材料试验机中的压缩试验夹具，将待试验秸秆节沿径向放入压缩夹具正中央，如图 3-3 所示，下压缩盘固定，上压缩盘垂直向下运动，设定上压缩盘初始位置高于秸秆直径 5 毫米左右。

（3）在预试验中发现，秸秆压缩达到直径 80% 时，压缩盘位移变化不大，在设定万能试验机时，压缩量定义载荷量为 80%。

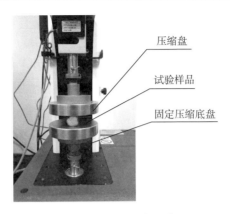

图 3-3　秸秆压缩试验

（4）以临界压缩强度为试验指标，对含水率为 80％、60％、45％、30％和 10％的 5 种玉米秸秆进行试验。

二、试验设计

按照上述步骤，进行三元二次正交旋转组合试验，以临界压缩强度为指标。试验方案编码值由下至上取样第 1 节、第 3 节、第 5 节、第 7 节和第 9 节，选取新鲜秸秆 80.3％、50.8％、45.1％、24.2％和 10.5％，压缩加载速度设为 5.0 毫米/分、9.0 毫米/分、14.9 毫米/分、20.8 毫米/分和 25.0 毫米/分，详见表 3-2。

表 3-2　试验因素水平编码表

值	含水率（%）	取样部位	加载速度（毫米/分）
−1.682	10.5	1	5.0
−1	24.2	3	9.0
0	45.1	5	14.9
1	50.8	7	20.8
1.682	80.3	9	25.0

试验机软件根据加载载荷实时采集数据，并拟合出位移载荷曲线，在秸秆压至半径 80％时，压缩力停止并卸载。

三、试验结果与分析

从试验机绘制出的数据点，由图 3-4 可知，载荷在 200 牛顿内，各含水率秸秆受载荷作用压缩变形为线性，保持一致，曲率约为 11.76 牛顿/毫米。载荷大于 200 牛顿后，秸秆压缩位移明显有非线性的二段折线，在秸秆位移达到 20 毫米时，新鲜秸秆需施加 1 200 牛顿，含水率 60% 秸秆需 1 600 牛顿，45.0% 需要 800 牛顿，30% 和 10% 需要 650 牛顿左右，含水率高秸秆相比于含水率低秸秆需受更大的力才能达到相同的位移，表现出刚性更强。

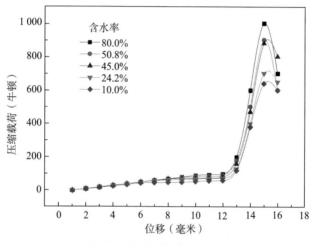

图 3-4 压缩载荷-位移曲线

依据试验结果建立含水率、取样部位和加载速度 3 个试验因素与秸秆临界压缩强度值之间关系模型，A、B、C 为因素编码值，如表 3-3 所示。

表 3-3 试验设计与结果

编号	含水率 A	取样部位 B	加载速度 C	临界压缩强度值（兆帕）
1	0	0	0	44.485
2	0	0	0	41.200

（续）

编号	含水率 A	取样部位 B	加载速度 C	临界压缩强度值（兆帕）
3	0	0	0	43.615
4	0	0	0	40.085
5	0	0	0	38.735
6	1	1	1	36.285
7	1	1	−1	27.255
8	−1	−1	1	36.810
9	−1	−1	−1	37.560
10	−1.682	0	0	21.080
11	0	−1.682	0	53.805
12	0	0	−1.682	31.750
13	0	0	0	34.295
14	0	0	0	41.825
15	0	0	0	41.315
16	0	0	0	39.895
17	0	0	1.682	37.715
18	0	1.682	0	28.580
19	1.682	0	0	46.355
20	1	−1	1	61.410
21	1	−1	−1	64.090
22	−1	1	1	20.755
23	−1	1	−1	23.890

通过试验及对试验数据多元回归拟合，得到各因素对分离率 Y_1 的回归方程：

$$Y_1 = 811.2 + 164.8A - 196.4B + 18.3C - 39.5A^2 +$$
$$13.3B^2 - 32.4C^2 - 80.6AB + 25.6AC + 23.3BC$$

玉米秸秆穰内的管束组织和细胞组织吸收大量水分，穰的含水率要远高于纤维组织排列紧密的皮。因此秸秆的水分主要集中在穰内部组织，含水率高的秸秆穰韧性强，不易被压缩发生弹塑性变形，而含水率低的秸秆皮弹性差，韧性小，易发生塑性变形。

应用 Design-Expert 软件分析试验数据，回归方程的方差分析结果如表 3-4 所示。模型 $P<0.0001$，说明模型处于极显著水平；模型的决定系数 $R=0.9589$，说明模型拟合程度良好，试验误差小；失拟性不显著（$P=0.2975>0.05$），说明回归模型和实际情况拟合性良好。因此，模型可以用于确定各参数对临界压缩强度工作效果的评价。模型的各项中，含水率（A）、含水率二次方项（A^2）以及含水率与取样部位的交互项（AB）显著，其他项均不显著。说明含水率以及含水率和取样部位交互对临界压缩强度影响较大，取样部位一次项和压缩速度等因素对秸秆承压影响较小。

表 3-4　方差及方程分析结果

多项式项	平方和	方差	F 值	P 值
A	370 833	370 833	68.81	0.000 1
B	526 750	526 750	97.81	0.000 1
C	4 581	4 581	0.85	0.373 3
A^2	24 853	24 853	4.61	0.051 2
B^2	2 803	2 803	0.52	0.483 5
C^2	16 662	16 662	3.09	0.100 2
AB	51 935	51 935	9.63	0.008 4
AC	5 241	5 241	0.97	0.342 0
BC	4 348	4 348	0.80	0.385 3
回归	1 007 943	111 993	—	—
失拟	41 826	8 365	2.37	0.297 5
误差	28 225	3 528		
总和	1 077 993	—	—	—

第三节　秸秆压缩皮穰分离试验

玉米秸秆内部组织结构有很大不同，力学性能差异极大。玉米秸秆主要由外表皮组织、基本组织和纤维管束构成。玉米外皮木质素和纤维素含量高，国内外学者对秸秆外皮的提取做了广泛的研究，得到纤维强度方面的力学性能指标，强度极高。表皮内部径向排列纤维管束，纤维管束周围紧密围绕着基本组织，秸秆横截面如图 3 - 5 所示，纤维管束和基本组织质地松软，与表皮组织接触部位有黏结，基本组织容易失水，失水会导致基本组织与表皮、基本组织相互之间有断裂现象产生。

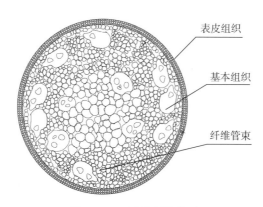

图 3 - 5　玉米秸秆横截面

为了更深入研究秸秆的压缩性能，本部分进一步针对不同含水率的秸秆进行了压缩皮穰脱离试验研究。秸秆压缩皮穰脱离指由于秸秆皮与穰强度不同，整体秸秆在受到外部载荷非连续压缩作用下，皮穰结合处脱离现象。压缩皮穰脱离率是秸秆横截面皮穰脱离长度占秸秆周长的百分比。

一、材料与方法

1. 材料　本研究对玉米秸秆皮穰脱离率与压缩载荷大小关

系进行测定，试验材料采集于沈阳农业大学试验田。根据秸秆含水率试验，选取含水率分别为 80.1％、69.8％、45.1％、20.3％和 10.5％的秸秆。试验样品选取直径 20～35 毫米、长度 1.7～2.0 米，秸秆通直、无破损弯折、无病虫害、生长良好的秸秆。

2. 试验仪器 英斯特朗（上海）试验设备贸易有限公司 5940 型电子万能材料试验机（载荷测量精度 0.5％，加载、延伸和应变通道同时工作 2.5 千赫，数据采集率速度范围 0.05～2 500 毫米/分，电源 220 伏）；常熟市双杰测试仪器厂生产的 JJ523BC 型电子秤（精度 0.01 克）；无锡玛瑞特科技有限公司立式鼓风干燥箱 101-A00（控温范围 10～300℃、温度分辨率 0.1℃、波动度 0.1℃、工作环境温度 5～40℃、输入功率 800 瓦）。

3. 试验方法 选取形态相似的玉米秸秆，通过万能试验机对秸秆压缩试验，以含水率、取样部位和压缩加载速度为变量，得到压缩强度与脱离率之间的曲线，具体试验步骤如下：

（1）样品除叶由下至上选取 9 个节间中段，根据含水率试验可知，相邻节间含水率相同或近似，由下至上取样第 1 节、第 3 节、第 5 节、第 7 节和第 9 节，每段截取 35 毫米长度待试验。

（2）安装电子万能材料试验机中的压缩试验元件，将待试验秸秆节沿轴向放入压缩夹支撑块中央，如图 3 - 6（a）所示，下端支撑固定，上压缩板垂直向下运动，设定上压缩板初始位置高于秸秆直径 2 毫米左右。

（3）以皮穰脱离率为评价指标，对含水率 80.1％、69.8％、45.1％、20.3％和 10.5％的 5 种秸秆进行试验。

（4）采用皮穰脱离长度占秸秆横截面周长百分比公式为：

$$Y_1 = \frac{\Sigma L_{断i}}{\pi D} \times 100\%$$

式中　　D——秸秆穰直径；

　　　　H——秸秆段总长；

　　　　L——皮穰脱离长度。

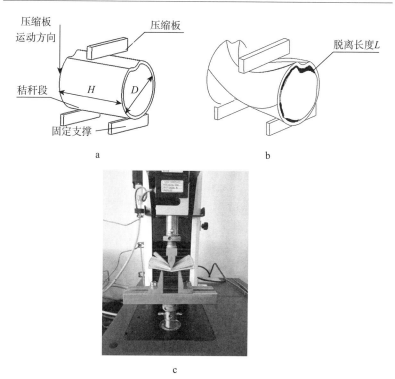

图 3-6　秸秆压缩皮穰脱离试验示意

a. 压缩前秸秆　b. 压缩后秸秆　c. 秸秆压缩试验

二、试验设计

按照上述步骤，进行二因素五水平正交旋转组合试验，以皮穰脱离长度占秸秆横截面周长百分比为指标。试验方案编码值由下至上取样第1节、第3节、第5节、第7节和第9节，选取含水率分别为80.1%、69.8%、45.1%、20.3%和10.5%的秸秆（表3-5）。

表 3-5　试验因素水平编码表

编码值	含水率（%）	取样部位（节间）
-1.414	10.5	1
-1	20.3	3

（续）

编码值	含水率（%）	取样部位（节间）
0	45.1	5
1	69.8	7
1.414	80.1	9

三、试验结果与分析

由试验机绘制出的数据点（图 3-7）可知，压缩载荷在 450 牛顿内，各含水率秸秆受载荷作用压缩变形成弧线非线性增长，曲率由高变低；载荷超过 450 牛顿后有一个急速卸载过程，秸秆发生断裂和皮穰分离现象发生在此间，高含水率皮穰分离效果不显著，含水率越低，分离面积越大。秸秆静置，如图 3-8 所示，秸秆皮回弹致使与穰进一步脱离。

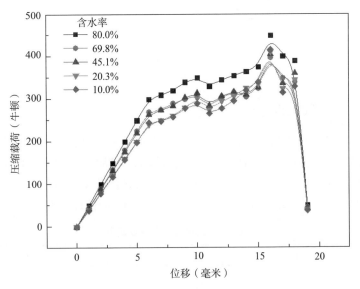

图 3-7　脱离试验载荷位移曲线

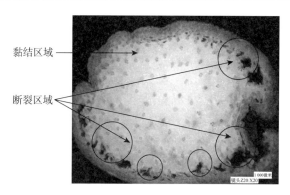

图 3-8　压缩后皮穰形态

依据试验结果建立含水率和取样部位两个试验因素与秸秆临界压缩强度值之间和皮穰脱离率关系模型，A、B 为因素编码值，如表 3-6 所示。

表 3-6　试验设计与结果

编号	含水率 A	取样部位 B	脱离率（%）	临界压缩强度（兆帕）
1	0	0	33.4	44.693
2	0	0	32.3	47.624
3	0	0	34.6	43.245
4	0	0	36.5	45.146
5	1	1	55.9	29.265
6	1	−1	50.4	76.738
7	−1	1	25.2	13.753
8	−1	−1	20.8	40.929
9	0	1.414	45.2	62.291
10	0	−1.414	30.9	21.460
11	1.414	0	65.2	22.187
12	−1.414	0	10.5	66.165
13	0	0	34.7	42.369
14	0	0	35.7	47.632
15	0	0	31.3	48.111
16	0	0	30.9	72.922

通过试验及对试验数据多元回归拟合，得到各因素对临界压缩强度 Y_2 的回归方程：

$$Y_2 = 452.2 + 141.8A - 166.4B - 13.5A^2 - 24.3B^2 - 57.6AB$$

应用 Design-Expert 软件分析试验数据，回归方程的方差分析表如表 3-7 所示，从方差分析结果看，模型 $P<0.000\ 1$，说明模型处于极显著水平；模型的决定系数 $R=0.966\ 3$，说明模型拟合程度良好，试验误差小；失拟性不显著（$P=0.297\ 5>0.05$），说明回归模型和实际情况拟合性良好，因此模型可以用于确定各参数对临界压缩强度工作效果的评价。模型的各项中，含水率（A）、取样部位（B）以及含水率与取样部位交互项（AB）显著，其他项均不显著，说明含水率以及含水率、取样部位及取样部位交互对临界压缩强度影响较大，取样部位一次项和压缩速度等因素对秸秆承压影响较小。

表 3-7　方差及方程分析结果

多项式项	平方和	方差	F 值	P 值
A	159 892	159 892	130.89	0.000 1
B	222 559	222 559	182.19	0.000 1
A^2	1 535	1 535	1.25	0.051 2
B^2	4 767	4 767	3.22	0.483 5
AB	11 130	11 130	9.11	0.008 4
回归	388 970	79 972	65.34	0.000 1
失拟	7 901	2 633	4.27	0.13
误差	4 314	616	—	—
总和	412 083	—	—	—

通过试验及对试验数据多元回归拟合，得到各因素对脱离率 Y_3 的回归方程：

$$Y_3 = 33.1 + 17.2A + 3.84B - 2.4A^2 + 2.4B^2 + 0.2AB$$

玉米秸秆穰内的管束组织得以吸收大量水分，水分高皮穰黏结性强，不易压缩脱离；水分低的皮穰黏结性差，无论秸秆根部还是顶部在受外部压缩载荷作用下容易进一步脱离破坏。

应用 Design-Expert 软件分析试验数据，回归方程的方差分析表如表 3-8 所示，从方差分析结果看，模型 $P<0.0001$，说明模型处于极显著水平；模型的决定系数 $R=0.9402$，说明模型拟合程度良好，试验误差小；失拟性不显著（$P=0.2975>0.05$），说明回归模型和实际情况拟合性良好，因此模型可以用于确定各参数对临界压缩强度工作效果的评价。模型的各项中，A 显著，其他项均不显著，说明含水率对皮穰脱离率影响较大，取样部位对脱离率影响较小。

表 3-8　方差及方程分析结果

多项式项	平方和	方差	F 值	P 值
A	2 383.91	2 383.91	61.93	<0.0001
B	117.86	117.86	286.70	0.0001
A^2	40.70	40.70	0.02	0.0512
B^2	41.54	41.54	4.89	0.4835
AB	0.16	0.16	14.17	0.0084
回归	58.20	2 657.35	65.34	0.0001
失拟	48.98	2 361.95	4.27	0.1300
误差	9.22	81.40	—	—
总和	2 632.89	—	—	—

第四节　秸秆碾压剪切试验

玉米秸秆皮穰分离机由碾压装置、切割装置以及传动动力装置组成，皮穰分离率的高低与切割装置息息相关。研究秸秆切割有助于理解秸秆切割过程所受支反力以及选取匹配的传动系统。为研究切割装置对秸秆的切割力作用（图 3-9），设计秸秆皮穰剪切力试验，选取含水率、取样部位和加载速度作为试验因素。

一、材料与方法

1. 材料 本研究对玉米秸秆压缩皮穰分离程度进行测定，试验材料采集于沈阳农业大学试验田。根据秸秆含水率试验，秸秆含水率 10.5%～80.1%。试验样品选取直径 20～35 毫米、长度 1.7～2.0 米，通直、无破损弯折、无病虫害、生长良好的秸秆。

2. 试验仪器 英斯特朗（上海）试验设备贸易有限公司 5940 型电子万能材料试验机（载荷测量精度 0.5%，加载、延伸和应变通道同时工作 2.5 千赫，数据采集率速度范围 0.05～2 500 毫米/分，电源 220 伏）；常熟市双杰测试仪器厂生产的 JJ523BC 型电子秤（精度 0.01 克）；无锡玛瑞特科技有限公司立式鼓风干燥箱 101-A00（控温范围 10～300℃、温度分辨率 0.1℃、波动度±0.1℃、工作环境温度 5～40℃、输入功率 800 瓦）。

3. 试验方法

（1）样品除叶由下至上选取 9 个节间中段，根据含水率试验可知，相邻节间含水率相同或近似，由下至上取样第 1 节、第 3 节、第 5 节、第 7 节和第 9 节，每段截取 35 毫米长度待试验。

（2）安装电子万能材料试验机中的剪切试验元件，将待试验秸秆节沿径向放入支撑架中心，如图 3-9 所示，上切割刀垂直向下运

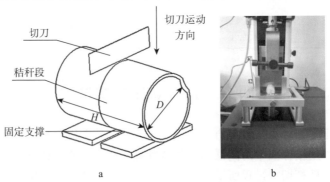

图 3-9 秸秆皮穰切割试验示意

a. 秸秆切割过程 b. 秸秆切割试验

动，设定上切刀初始位置高于秸秆直径 1 毫米左右。

（3）以剪切强度为评价指标，对含水率为 80.1%、50.8%、45.1%、24.2% 和 10.5% 的 5 种秸秆进行试验。

二、试验设计

按照上述步骤，进行三元二次正交旋转组合试验，剪切强度为指标。试验方案编码值由下至上取样第 1 节、第 3 节、第 5 节、第 7 节和第 9 节，选取含水率为 80.1%、50.8%、45.1%、24.2% 和 10.5% 的秸秆，压缩加载速度设为 5.0 毫米/分、9.0 毫米/分、14.9 毫米/分、20.8 毫米/分和 25.0 毫米/分，详见表 3-9。

表 3-9 试验因素水平编码表

编码值	含水率（%）	取样部位	加载速度（毫米/分）
−1.682	10.5	1	5.0
−1	24.2	3	9.0
0	45.1	5	14.9
1	50.8	7	20.8
1.682	80.1	9	25.0

试验机软件根据加载载荷实时采集数据，并拟合出位移载荷曲线，在秸秆被完全剪切后停止并卸载剪切力。

三、试验结果与分析

由试验机绘制出的数据点（图 3-10）可知，因为切刀有一定宽度，切割过程是先压后切，切割载荷在 200 牛顿内以压缩为主，各含水率秸秆受载荷作用压缩变形成线性增长，曲率较低。载荷过 200 牛顿后有一个急速上升过程，秸秆发生断裂和皮穰分离现象发生在此区间最高点，切割后力瞬间卸载，高含水率切割作用力大，含水率越低切割作用力小。

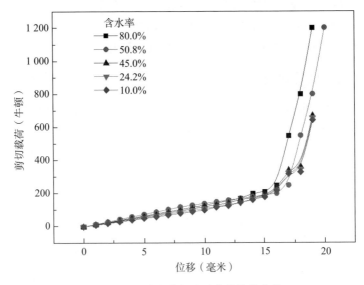

图 3 - 10　秸秆剪切试验载荷位移曲线

依据试验结果建立含水率、取样部位和加载速度三个试验因素与秸秆剪切强度之间关系模型，A、B、C 为因素编码值，如表 3 - 10 所示。

表 3 - 10　试验设计与结果

编号	含水率 A	取样部位 B	加载速度 C	剪切强度（兆帕）
1	0	0	0	35.790
2	0	0	0	36.580
3	0	0	0	36.895
4	0	0	0	40.245
5	0	0	0	39.560
6	1	1	1	47.260
7	1	1	−1	45.620
8	−1	−1	1	54.205
9	−1	−1	−1	54.470

（续）

编号	含水率 A	取样部位 B	加载速度 C	剪切强度（兆帕）
10	−1.682	0	0	45.185
11	0	−1.682	0	58.795
12	0	0	−1.682	51.165
13	0	0	0	37.470
14	0	0	0	39.870
15	0	0	0	40.245
16	0	0	0	40.870
17	0	0	1.682	48.965
18	0	1.682	0	37.965
19	1.682	0	0	59.325
20	1	−1	1	64.935
21	1	−1	−1	69.905
22	−1	1	1	45.005
23	−1	1	−1	44.010

通过试验及对试验数据多元回归拟合，得到各因素对分离率 Y_4 的回归方程：

$$Y_4 = 771.2 + 75.3A - 133.4B - 3.3C + 103.5A^2 + 77.9B^2 + 88.4C^2 - 44.6AB + 0.6AC + 13.3BC$$

应用 Design-Expert 软件分析试验数据，回归方程的方差分析表如表 3-11 所示，从方差分析结果看，模型 $P<0.0001$，说明模型处于极显著水平；模型的决定系数 $R=0.9863$，说明模型拟合程度良好，试验误差小；失拟性不显著（$P=0.4350>0.05$），说明回归模型和实际情况拟合性良好，因此模型可以用于确定各参数对临界压缩强度工作效果的评价。模型的各项中，含水率（A）、含水率二次方项（A^2）以及含水率与取样部位交互项（AB）显著，其他项均不显著，说明含水率以及含水率和取样部位交互对临界压缩强度影响较大，取样部位一次项和压缩速度等因素对秸秆承压影响较小。

表 3 - 11　方差及方程分析结果

多项式项	平方和	方差	F 值	P 值
A	77 747	77 747	52.81	0.000 1
B	243 665	243 665	164.81	0.000 1
C	152	152	0.12	0.753 3
A^2	174 025	174 025	116.61	0.000 1
B^2	96 659	96 659	64.52	0.000 1
C^2	16 662	16 662	84.09	0.005 9
AB	16 105	16 105	10.63	0.998 4
AC	0.60	0.60	0.97	0.342 0
BC	4 348	4 348	0.80	0.000 1
回归	730 178	81 130	—	—
失拟	41 826	1 491	1.04	0.45
误差	28 225	1 468	—	—
总和	1 077 993	—	—	—

Chapter 4

第四章
玉米秸秆皮瓤分离喂入装置设计

    破坏秸秆皮瓤之间的黏结力是秸秆皮瓤分离研究的重要对象。通常秸秆皮瓤分离机由喂入装置、分离装置、切割装置及回收装置等组成，分离率是机械的重要性能指标。国内外学者对秸秆皮瓤分离机的设计与研究最早可以追溯到 20 世纪初，那时就开始研究秸秆作物根系倒伏原因。以往国外学者对冬季油菜秸秆的研究，大都是针对其总体或平均特性，因此对各组分的基本特性缺乏具体的了解。以切割速度和刀具倾角分别作为切割力和功耗的影响因素，进行甘蔗秆试验分析，并利用显式动力学进行有限元仿真计算，得出结论：刀具倾角对切割力影响显著，切割速度对功耗有显著影响。同样在 2011 年，机构动力学模拟仿真软件和四因子二次旋转组合试验进一步验证了甘蔗切割器系统切割速度、刀盘倾角、切割角、刀片刃角和切割力的最佳组合，得出结论：切割速度 16 米/秒、刀盘倾角 280°、切割角 27.73°、刀片刃角 17.50°和切割力范围 250 牛为最佳。对玉米秸秆皮瓤分离机构进行了设计与试验，利用二次回归正交旋转试验研究了玉米秸秆皮的拉伸和剪切特性，并研制了试验样机，得出结论：玉米秸秆皮的拉伸和剪切特性受含水率和剪切速度的影响较为显著，秸秆皮瓤的剥净率平均值为 95％以上、损伤率 5％以下。利用二次回归正交旋转组合设计方法对玉米秸秆喂入装置的性能做了深入研究，得出结论：输出辊转速 360～380 转/分，输出辊转与限料辊转速比为 0.8～0.9，输出口间隙 45 毫米，通过率达99%，重叠率低于1%。本章介绍3种玉米秸秆碾压揭皮设计方案，核心部件采用上下对称安装设计，装置在玉米秸秆分离机喂入装置前端。碾压揭皮辊实现了对秸秆的碾压及揭皮分离的效果，解决秸秆皮穰分类利用问题。

第一节　玉米秸秆皮穰分离机总体结构设计

玉米秸秆皮穰分离机如图4-1所示，由喂入装置、剪切装置、动力装置和传动装置4部分组成。碾压揭皮辊是喂入装置核心组成部件，在碾压揭皮辊前端装有导入槽，秸秆经由导入槽输送至碾压揭皮辊，对秸秆完成碾压和揭皮的作用，被碾压揭皮辊作用的秸秆

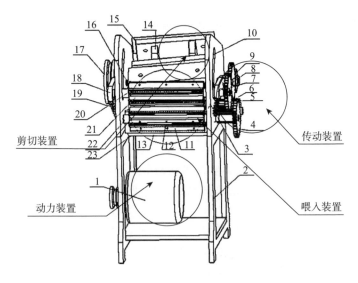

图4-1　玉米秸秆皮穰分离装置

1. 电机　2. 机架　3. 右侧弹簧　4. 下凹槽式碾压揭皮辊齿轮　5. 下中间齿轮
6. 上凹槽式碾压揭皮辊齿轮　7. 右侧限位连杆　8. 上中间齿轮　9. 主动齿轮
10. 弧形滑槽　11. 下凹槽式碾压揭皮辊　12. 齿型刀片　13. 定刀　14. 刀架　15. 切
刀　16. 切刀主轴　17. 皮带轮　18. 左侧限位连杆　19. 左侧弹簧　20. 上凹槽式碾
压揭皮辊轴　21. 上凹槽式碾压揭皮辊　22. 下凹槽式碾压揭皮辊轴　23. 弧形室

皮穰黏结处发生破坏，秸秆皮穰部分分离；作用后的秸秆进入剪切机构，在动力机构和传动机构的配合下，被旋转的切刀与定刀作用后切成块状物料。部分分离的秸秆被高速切向力作用，达到皮穰完全分离的效果。旋转切刀的高速旋转产生气动带走分离的秸秆皮穰，后期由旋风分离或其他分离机将皮穰分类搜集。

由第三章秸秆临界压缩与压缩皮穰分离试验结果可知，秸秆在受到压缩载荷作用时发生塑性变形。因秸秆皮和穰的弹性模量有较大差异，在卸载压力后皮和穰形变恢复不同。集中载荷处的皮穰变形较大，恢复形变性差，力卸载后仍然保持连接状态，故在此状态下对秸秆皮揭开会使集中力部脱落分离，基于此原理设计了揭皮碾压结构。

第二节　玉米秸秆皮穰分离机喂入装置设计机理

一、喂入装置工作原理

皮穰分离机喂入装置长 350 毫米、宽 220 毫米、高 380 毫米，主要由碾压揭皮对辊、定动碾压揭皮辊间隙自动调节装置、喂入轴等组成，整体结构如图 4-2 所示。定辊在固定轴上转动，动辊通

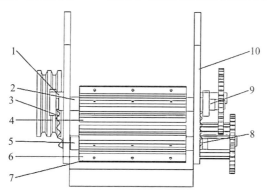

图 4-2　碾压揭皮机构结构简图

1. 左侧限位杆　2. 动辊轴　3. 左侧弹簧　4. 动碾压揭皮辊　5. 定轴

6. 定碾压揭皮辊　7. 齿型刀片槽　8. 右侧弹簧　9. 右侧限位杆　10. 机架

过弹簧连接，在滑轨内实现其随秸秆的直径不同而在 30 毫米范围内上下移动，由弹簧的拉力和辊子自身的重力对秸秆进行夹紧和碾压。通过碾压试验的秸秆皮穰分离可以看出，分离机碾压揭皮机构对玉米秸秆皮穰结合处形成裂纹效果明显。定辊轴一端与带轮相连，由电动机提供传动，另一端与齿轮传动机构相连，调节碾压揭皮辊转速。定辊与动辊在齿轮传动作用下转动，速度相同，方向相反。

二、喂入装置碾压揭皮辊工作原理

玉米秸秆的物理结构和单项复合材料类似，纤维管束沿轴向分布，因此可以对秸秆做一下假设：①皮穰为各向异性弹性材料；②秆是圆柱体；③不区分节与节间材料属性的差异；④各段秸秆的材料属性相同。

根据实体单元每个节点 6 自由度得出应力-应变公式：

$$\begin{Bmatrix}\sigma_{11}\\\sigma_{22}\\\sigma_{33}\\\tau_{23}\\\tau_{31}\\\tau_{12}\end{Bmatrix}=\begin{bmatrix}C_{11}&C_{12}&C_{13}&0&0&0\\C_{21}&C_{22}&C_{23}&0&0&0\\C_{31}&C_{32}&C_{33}&0&0&0\\0&0&0&C_{44}&0&0\\0&0&0&0&C_{55}&0\\0&0&0&0&0&C_{66}\end{bmatrix}\begin{Bmatrix}\varepsilon_{11}\\\varepsilon_{22}\\\varepsilon_{33}\\\gamma_{23}\\\gamma_{31}\\\gamma_{12}\end{Bmatrix}$$

或者

$$\begin{Bmatrix}\varepsilon_{11}\\\varepsilon_{22}\\\varepsilon_{33}\\\gamma_{23}\\\gamma_{31}\\\gamma_{12}\end{Bmatrix}=\begin{bmatrix}S_{11}&S_{12}&S_{13}&0&0&0\\S_{21}&S_{22}&S_{23}&0&0&0\\S_{31}&S_{32}&S_{33}&0&0&0\\0&0&0&S_{44}&0&0\\0&0&0&0&S_{55}&0\\0&0&0&0&0&S_{66}\end{bmatrix}\begin{Bmatrix}\sigma_{11}\\\sigma_{22}\\\sigma_{33}\\\tau_{23}\\\tau_{31}\\\tau_{12}\end{Bmatrix}$$

式中　C_{ij}——刚度系数；

S_{ij}——柔度系数；

γ_{ij}——切应变；

ε_{ij}——线应变；

σ_{ij}——正应力；

τ_{ij}——切应力。

C_{ij} 和 S_{ij} 是材料的弹性常数，可经试验测试得出，通过秸秆力学性能试验，得到玉米秸秆的柔度矩阵：

$$[S] = \begin{bmatrix} \dfrac{1}{E_1} & -\dfrac{V_{21}}{E_2} & -\dfrac{V_{31}}{E_3} & 0 & 0 & 0 \\[2mm] -\dfrac{V_{12}}{E_1} & \dfrac{1}{E_2} & -\dfrac{V_{32}}{E_3} & 0 & 0 & 0 \\[2mm] -\dfrac{V_{13}}{E_1} & -\dfrac{V_{23}}{E_2} & -\dfrac{1}{E_3} & 0 & 0 & 0 \\[2mm] 0 & 0 & 0 & \dfrac{1}{G_{23}} & 0 & 0 \\[2mm] 0 & 0 & 0 & 0 & \dfrac{1}{G_{31}} & 0 \\[2mm] 0 & 0 & 0 & 0 & 0 & \dfrac{1}{G_{12}} \end{bmatrix}$$

由第三章可知，秸秆的径向物料属性相同，所以秸秆其柔度矩阵可表示为：

$$[S] = \begin{bmatrix} \dfrac{1}{E_1} & -\dfrac{V_{12}}{E_1} & -\dfrac{V_{12}}{E_1} & 0 & 0 & 0 \\[2mm] -\dfrac{V_{12}}{E_1} & \dfrac{1}{E_2} & -\dfrac{V_{32}}{E_3} & 0 & 0 & 0 \\[2mm] -\dfrac{V_{13}}{E_1} & -\dfrac{V_{23}}{E_2} & -\dfrac{1}{E_3} & 0 & 0 & 0 \\[2mm] 0 & 0 & 0 & \dfrac{1}{G_{23}} & 0 & 0 \\[2mm] 0 & 0 & 0 & 0 & \dfrac{1}{G_{12}} & 0 \\[2mm] 0 & 0 & 0 & 0 & 0 & \dfrac{1}{G_{12}} \end{bmatrix}$$

以 v_{ij}、E_{ij} 和 G_i 为建立本构方程，碾压揭皮结构对秸秆执行碾压和揭皮作用，碾压揭皮辊随喂入的秸秆有旋转碾压作用，设其中 a 为碾压揭皮辊与秸秆之间的夹角；u 为秸秆与碾压揭皮辊的抓取系数。

即：

$$F\cos a > N\sin a$$

则有：

$$uF\cos a > N\sin a$$

所以有：

$$u > \tan a$$

计算 a 值如下：

$$\tan a = \frac{\sqrt{\left(\dfrac{D}{2}\right)^2 - \left[\dfrac{D}{2} - \left(\dfrac{d_j}{2} - \dfrac{d}{2}\right)\right]^2}}{\left[\dfrac{D}{2} - \left(\dfrac{d_j}{2} - \dfrac{d}{2}\right)\right]}$$

故：

$$u > \frac{\sqrt{\left(\dfrac{D}{2}\right)^2 - \left[\dfrac{D}{2} - \left(\dfrac{d_j}{2} - \dfrac{d}{2}\right)\right]^2}}{\left[\dfrac{D}{2} - \left(\dfrac{d_j}{2} - \dfrac{d}{2}\right)\right]}$$

则有：

$$D > \frac{d_j - d}{1 - \dfrac{1}{\sqrt{u_j^2 + 1}}}$$

当 D 满足上式条件，碾压揭皮辊可以有效对玉米秸秆揭皮压缩作业。

圆柱体受到径向压缩时，接触应力随接触面变化不断发生变化，根据赫兹的局部应力和变形理论分析，相应的法向压力分布公式为：

$$q = q_0 \sqrt{\left[1 - \left(\frac{x}{b}\right)^2\right]}$$

式中　q_0——接触压力；

b——面积；

x——轴向到接触质心距离。

q_0可通过以下公式得出：

$$q_0 = \frac{2F}{\pi l b}$$

式中　F——标准载荷；

l——圆柱体 y 向距离。

弹性圆柱体接触面 b 为：

$$b^2 = \frac{4F\left[\dfrac{(1-v_1^2)}{E_1} + \dfrac{(1-v_2^2)}{E_2}\right]}{\pi l\left[\left(\dfrac{1}{R_1}\right) + \left(\dfrac{1}{R_2}\right)\right]}$$

式中　E——弹性模量；

v——泊松比；

R——曲径半径。

接触面积公式为：

$$W = 2\left[\frac{(1-v_1^2)}{\pi E_1} + \frac{(1-v_2^2)}{\pi E_2}\right]\left[\int_{-b}^{b} q(s)\ln\left(\frac{r}{R}\right)ds\right] + cx^2$$

式中　$q(s)$——外部载荷压力；

r——无穷小 s 与 x 之间的距离；

c——常量。

弹性模量 $E=E_1$，与 E_2 相比，有：

$$\frac{(1-v_2^2)}{\pi E_2} \leqslant \frac{(1-v_1^2)}{\pi E_1} = \pi E$$

泊松比范围为：

$$v_1 \geqslant -1.0,\ v_2 \leqslant 0.5$$

根据赫兹理论有：

$$W = \frac{2F(1-v^2)}{\pi l E}\left[\ln\left(\frac{b}{2R}\right) - \frac{1}{2} - \left(\frac{x}{b}\right)^2\right] + \frac{x^2}{2R}$$

式中　E——弹性模量；

v——泊松比；

R——曲径半径。

求解得：

$$W = \frac{2F(1-v^2)}{\pi lE}\left[\ln\left(\frac{b}{2R}\right) - \frac{1}{2} - \left(\frac{x}{b}\right)^2\right]$$

系数×2 处理得：

$$b^2 = \frac{4FR(1-v^2)}{\pi lE}$$

如果 $z = R/b$，$D = 2W$，消除 $F(1-v^2)/\pi le$，公式可为：

$$\frac{D}{2R} = \frac{1}{2Z^2}\left[\ln(2z) + \frac{1}{2}\right]$$

式中　Z——测得变量。

根据第三章秸秆压缩试验特性可知，秸秆间隔压缩处由于受压缩作用，在压缩处增加揭皮齿致使皮穰进一步分离。如图 4-3 所示，秸秆原厚度为 H，挤压后厚度 H'，压缩比为 u，AB 为齿与秸秆划切长度，通过计算已知秸秆输送力为：

$$F = 2f_p\cos\alpha - 2p\sin\alpha$$

因秸秆向前运动产生输送力，固有 $F > 0$，即：

$$2f_p\cos\alpha > 2p\sin\alpha$$

化简得：

$$tg\Phi > tg\alpha$$

即：

$$\Phi > \alpha$$

式中　α——平均压力角；

　　　　Φ——碾压揭皮辊表面与秸秆摩擦角；

　　　　P——碾压揭皮辊对秸秆单侧压力；

　　　　f_p——摩擦系数。

从式中得出摩擦角大于压力角，计算碾压揭皮辊半径，取 AB 长中点为中心即：

$$2Rg\cos\Phi + H = 2Rg + H'$$

化简得：

$$Rg = \frac{H - H'}{2(1-\cos\Phi)} = \frac{H(1-u)}{2(1-\cos\Phi)}$$

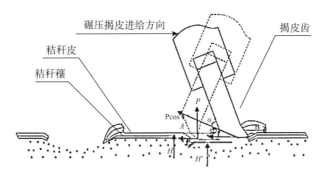

图 4-3 碾压揭皮辊辊齿划切秸秆示意

通过试验测得玉米秸秆平均皮厚为 1 毫米，为了使秸秆皮完全揭开，根据碾压揭皮辊转动直径，设计齿刃深入秸秆内部 2 毫米，设计刀片齿刃高 2 毫米，厚度 2 毫米，伸出齿刃长 1 毫米，计算分析结果表明：刃角为 $30°$，在齿型刀片作用下秸秆皮穰压缩，秸秆穰发生塑性变形，秸秆皮具有回弹效应，破坏皮穰黏结力，使之部分分离。

三、基于 SIMP 方法的碾压揭皮辊优化设计

柱结构广泛应用于工程结构设计，如桥式起重机的主梁采用箱形结构，由上、下翼缘板和两侧的垂直腹板组成，翼缘板和腹板由板条状的钢板焊接而成。一般来讲，主梁的轻量化普遍采用尺寸优化，减重程度有限。然而，常规的拓扑优化虽然可以获得较好的拓扑，但往往由于结构过于复杂不利于加工制造。Nishi-waki S. 等研究了具有应力和位移约束下的拓扑优化问题，得出结论：应力刚度阵刚度系数与约束有直接关系。Seungjae 等研究了动力学问题的拓扑优化设计，得出结论：除静力结构，动力结构同样适用于计算几何拓扑优化方程。本部分以结构的最小柔度为目标函数，建立了基于变密度理论 SIMP 法的周期性拓扑优化数学模型，对常规拓扑优化难以求解的板条状悬臂梁进行了周期性拓扑优化研究。

结构优化的特性是：设计自由度多，计算规模大，目标函数和约束方程一般为设计变量的非线性函数。对于连续体的几何优化很难用一般的数学算法计算，所以要通过计算的优化准则利用计算机计算。这样计算的收敛速度快，不丢失信息。目前 SIMP 是广泛应用的一种几何优化方法，其计算方法使用前一步或多步计算信息，通过减小计算内存占有率来提高计算速度。

本章应用 SIMP 方法的拓扑优化准则算法，用于单约束最小柔度拓扑优化问题的求解，并给出了基于 SIMP 方法的拓扑优化迭代分析流程。数值计算表明：基于 SIMP 方法的优化准则法能够有效应用于单约束最小柔度拓扑优化问题的求解。分析讨论了不同优化参数对拓扑优化计算结果的影响，分析表明：合理选择惩罚因子和阻尼系数的数值可以得到较为理想的拓扑优化结果。分析了基于 SIMP 方法的移动近似算法，对 MMA 系列算法和 GCMMA 系列算法进行了分析，并将之应用于结构拓扑优化计算中。分析表明：移动近似系列算法在拓扑优化计算中有较好的应用前景。

基于 SIMP 材料插值模型的结构拓扑优化，实质是在确定的设计区域内寻找一个最优的材料布局，即确定设计区域内哪些点是材料点，哪些是孔洞（无材料点），其数学模型为：

$$\begin{cases} E_{ijkl} = l_{\Omega^{mat}} E_{ijkl}^0 \\ l_{\Omega^{mat}} = 0\, x \in \Omega^{mat} \\ l_{\Omega^{mat}} = 1\, x \in \Omega \setminus \Omega^{mat} \\ l_{\Omega^{mat}}\, d\Omega = Vol\,(\Omega^{mat}) \leqslant V \end{cases}$$

式中　　E_{ijkl}^0——所选材料的弹性模量；

　　　　Ω^{mat}——材料区域；

　　　　V——设计区域；

　　　　Ω——占总体积。

对设计区域进行离散，把每个单元作为一个设计变量，在大规模模型中，由于缺乏一种有效的大规模离散变量优化算法，离散变量优化设计往往失败，通常都得不到问题的确切解，因此采用连续变量模拟离散变量来处理这一问题，便于充分利用各种有效的连续变量优化方法进行优化设计。此方法虽然解决了离散变量优化问题，但是优化过程中却产生了许多介于 0 和 1 之间的单元，这给制造带来了很多困难，因此引入惩罚因子的办法，来抑制中间结构的产生。通过引入连续变量 x 及惩罚因子 p，将离散变量协变为连续变量 (x)，具体形式为：

$$\begin{cases} E_{ijkl} = \eta\,(x)^p E^0_{ijkl}\,,\, p \geqslant 1 \\ 0 \leqslant \eta_{\min} \leqslant \eta(x) \leqslant 1 \\ \displaystyle\iint_\Omega \eta(x)d\Omega \leqslant V \end{cases}$$

优化前材料弹性张量之间关系式引入 $E_{ijkl}\,(x) = p\,(x)^p E^0_{ijkl}$，可以得到如下 SIMP 模型：

$$\begin{cases} E_{ijkl}\,(x) = p\,(x)^p E^0_{ijkl}\,,\, p \geqslant 1 \\ \displaystyle\int_\Omega p(x)d\Omega \leqslant V \\ 0 \leqslant p(x) \leqslant 1,\, x \in \Omega \end{cases}$$

密度插值在材料特性值之间进行：

$$E_{ijkl}\,(p = 0) = 0, E_{ijkl}\,(p = 1) = E^0_{ijkl}$$

对于结果优化密度结果不是只有 0 和 1，事实上总有中间密度存在，所以需要引入惩罚因子 p，当 p 足够大时，就能得到无中间密度的材料。p 的选取与原材料的泊松比有关，具体表达如下：

$$p \geqslant \max\left\{ 15\,\frac{1 - v^0}{7 - 5v^0},\, \frac{3}{2}\frac{1 - v^0}{1 - 2v^0} \right\}$$

式中　　E——弹性模量；

　　　　v——泊松比；

　　　　R——曲径半径；

　　　　x_e——单元设计变量；

　　　　$C(x)$——结构的柔顺度；

　　　　F——载荷矩阵；

　　　　U——位移矩阵；

K——整体刚度矩阵。

在三维结构中，p 最小为 2，但 $v^0 = 1/3$ 时，p 最小为 3。为了阻止方程式引起奇异解，引入密度下限 $p_{\min}$ 连续的优化数学模型表示为：

$$Min: l(u)$$

$$st \therefore \begin{cases} a_E(u,v) = l(v), \ v \in U \\ E_{ijkl}(x) = p(x)^p E_{ijkl}^0, \ p \geqslant 1 \\ \int_\Omega p(x)d\Omega \leqslant V \\ 0 \leqslant p(x) \leqslant 1, \ x \in \Omega \end{cases}$$

在 SIMP 材料插值方法基础上可以建立如下的优化模型：

$$Max\beta$$

$$st \therefore \begin{cases} [a]^i \lambda_i \geqslant \beta, \ i = 1, \cdots, N_{dof} \\ [K - \lambda_i M] \Phi_i = 0 \\ \sum_{j=1}^N v_j p_j \leqslant V \\ 0 \leqslant p_{\min} \leqslant p_j \leqslant 1, \ j = 1, \cdots, N \end{cases}$$

式中　K——系统刚度矩阵；

M——系统质量矩阵；

Φ_i——第 i 阶特征值 λ_i 相应的特征向量；

p——设计变量；

N——单元数目；

β——指定频率值。

为了避免奇异阵，取 $p_{\min} = 0.001$，$j = 1, \cdots, N$；$i = 1, \cdots, N_{dof}$ 为特征值问题的所有模态，$\partial = 0.95$。

目标函数为：

$$\lambda_i = (\Phi_i^T K \Phi_i) / (\Phi_i^T M \Phi_i)$$

单一模态特征值的灵敏度为：

$$\frac{\partial \lambda_j}{\partial p_j} \lambda_i = \Phi_i^T \left(\frac{\partial K}{\partial p_j} - \lambda_j \frac{\partial M}{\partial p_j} \right) \Phi_i$$

密度函数插值模型（SIMP 模型）为：

$$E^p(p_j) = E^{\min} + p_j^p(E^0 - E^{\min})$$

式中　E^p ——插值后的弹性模量；

E^0 ——固体部分材料弹性模量；

$E^{\min}$ ——空洞部分材料弹性模量。

令 $\Delta E = E^0 - E^{\min}$ ，为了数值求解稳定，取 $E^{\min} = E^0/1\,000$ ，则 SIMP 模型的刚度矩阵及其质量矩阵为：

$$\begin{cases} K = \sum_{j=1}^n (E^{\min} + p_j^p \Delta E)K_j \\ M = \sum_{j=1}^n (E^{\min} + p_j^p \Delta E)M_j \end{cases}$$

在 SIMP 材料插值方法基础上可以建立如下的优化模型：

$$\begin{cases} Find\, x = \{x_1, x_2, \cdots, x_e\}^T \in R^n, e = 1, 2, \cdots, N \\ Min: C(x) = U^T K U = \sum_{e=1}^N (x_e)^p u_e^T k_0 u_e \end{cases}$$

$$st \therefore \begin{cases} V = fV_0 = \sum_{e=1}^N xv \\ KU = F \\ 0 \leqslant x_{\min} \leqslant x_e \leqslant x_{\max} < 1 \end{cases}$$

式中　u_e ——单元位移矩阵；

k_0 ——单元刚度矩阵；

$V(X)$ ——设计变量状态下的有效体积；

V_0 ——设计变量取 1 状态下的结构有效体积；

f ——材料用量的百分比（体积系数）；

$x_{\max}$ ——单元设计变量上限；

$x_{\min}$ ——单元设计变量下限；

p ——惩罚因子。

对于 SIMP 理论的优化准则法迭代分析可以总结流程，在 SIMP 材料插值模式基础上，基于优化准则法的结构拓扑优化求解过程如下：

（1）定义设计域和非设计域，定义设计约束、载荷等边界条件。设计域内的单元相对密度可随迭代过程变化，非设计域内的单元相对密度固定不变，为定值0或1。

（2）将结构离散为有限元网格，计算优化前的单元刚度矩阵。

（3）初始化单元设计变量，即给定设计域内的每个单元一个初始单元相对密度。

（4）计算各离散单元的材料特性参数，计算单元刚度矩阵，组装结构总刚度矩阵，计算结点位移。

（5）计算总体结构的柔度值及其敏度值，求解拉格朗日乘子。

（6）用优化准则方法进行设计变量更新。

（7）检查结果的收敛性，如未收敛则转步骤（4）循环迭代，如收敛则转步骤（8）。

收敛性检查可用如下方法：分别取两次邻近设计变量的最大分量，用两个分量的绝对差值式作为评判标准。

$$\frac{\max(x^{k+1}) - \max(x^k)}{\max(x^k)} < \varepsilon$$

也可用两次邻近设计目标函数的绝对差值式作为评判标准。

$$\frac{c^{k+1} - c^k}{c^k} < \varepsilon$$

（8）输出目标函数数值及设计变量值，结束计算。计算流程如图4-4所示。

四、辊钉式碾压揭皮辊设计

根据第三章秸秆临界压缩强度试验分析可知，含水率高的秸秆相比于含水率低的秸秆需受更大的力才能达到相同的位移，表现出刚性更强。高密度间隔性碾压划切可以较好地完成皮穰分离工作，基于此原理设计辊钉式碾压揭皮辊。

定、动碾压揭皮辊作为整个机构的核心部件，其设计直接影响机构工作性能。因玉米秸秆物料特性，设计碾压揭皮辊为高密度间

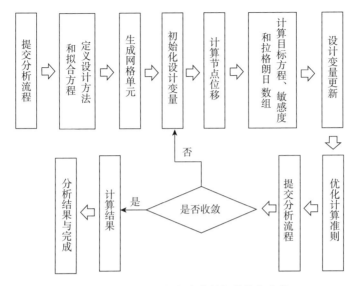

图 4-4　基于人工材料密度的拓扑优化流程

隔性碾压，以圆柱形态为基准结构模型，对碾压揭皮辊再设计，基于密度理论法（solid isotropic microstructures with penalization，SIMP）进行优化设计，材料密度理论 SIMP 法是多种（0-1 规划法、材料分配法、均匀化法、ESO 等经验算法、水平集法、变密度法、成长法、变厚度法等）几何拓扑优化中处理连续体理论最为严密的方法之一，通过引入中间密度单元来计算碾压揭皮辊设计拓扑形态，目前商业软件 CAE、Optistruct、TOSCA 等都采用这种方法，这样可以求解碾压揭皮辊材料在空间的最优分布，以此为基础设计结构。

材料插值法表达公式为：

$$E(x_i) = E_{\min} + (x_i)P(E_0 - E_{\min})$$

式中　E（x_i）——插值以后的弹性模量；

　　　E_0——实体部分材料的弹性模量；

　　　$E_{\min}$——修剪部分材料弹性模量；

　　　x_i——单元相对密度，取值为 1 表示有材料，为 0 表示无材料；

P——惩罚因子，惩罚因子越大，中间密度单元越少，更容易选取局部最优。

相对密度表示为：

$$E(x_{ij}) = (x_{ij})PE_0$$

式中　　x_{ij}——第 i 个予域第 j 个单元的相对密度。

本文通过 CAE 中 Topology Optimization 进行分析，碾压揭皮辊初始模型横截面为圆，圆周受秸秆间隔支反力作用，设置高密度碾压揭皮间隔为 2 毫米，对碾压揭皮辊进行拓扑优化分析，截面优化结果如图 4-5 所示。

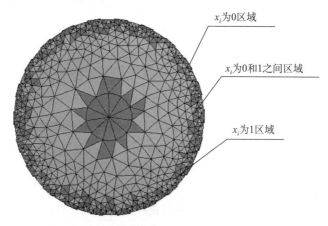

图 4-5　碾压揭皮辊优化密度重分截面

经计算可知，灰色区域为密度相对高区，材料重分配优化拓扑形状即类锯齿形状，红色区域为密度相对低区，可修剪去掉材料，对碾压揭皮辊结构数学模型再设计（图 4-6），每个碾压揭皮辊上均匀分布 22 个锯齿，碾压揭皮辊自身重力和齿根对秸秆碾压迫使秸秆产生间隔的弹塑变形的同时齿尖对秸秆产生揭皮作用。辊钉式碾压揭皮辊定、动碾压揭皮辊结构相同，转动方向相反，转速相同。

碾压揭皮辊工作原理如图 4-7 所示，通过试验测得玉米秸秆

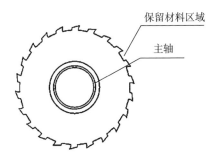

图 4-6　辊钉式碾压揭皮辊优化后的拓扑截面

平均直径范围为 16～32 毫米，$u=0.6$，$c=0.6$。综上所述，当玉米秸秆直径取平均值 $t=24$ 毫米、$u=0.6$、$c=0.6$、碾压揭皮辊表面对秸秆的摩擦角 $\alpha=30°$ 时，确定出保证玉米秸秆能自动输送的条件是碾压揭皮辊半径为 $R=35$ 毫米。

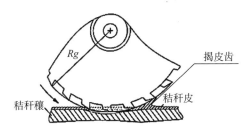

图 4-7　碾压揭皮辊揭皮工作原理

　　碾压揭皮辊齿型辊钉施力的作用效果直接影响碾压揭皮机构工作流畅度及皮穰分离效果，所以需要对齿型刀片精细化设计。由于秸秆喂入碾压揭皮是一个动态的过程，齿型刀片直接与秸秆摩擦接触，在设计辊钉式碾压揭皮机构时为一体式，辊钉碾压揭皮辊秸秆喂入如图 4-8 所示。设计秸秆喂入数量为 3～5 根，按秸秆平均尺寸及秸秆间隙尺寸 30 毫米，为了在秸秆表面产生间接划切作用力，根据刀片总长和秸秆直径尺寸设计刀片顶部分布 34 个齿刃，齿刃宽度 2 毫米，齿刃间距 3 毫米。

　　辊钉齿刃划切秸秆力与玉米秸秆的物料特性、秸秆皮厚度、皮

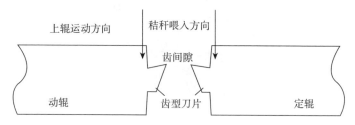

图 4-8　齿型辊钉及装配示意

穰黏结力等因素有关。为有效地将秸秆皮穰划切分离，总体设计辊钉碾压揭皮辊如图 4-9 所示。

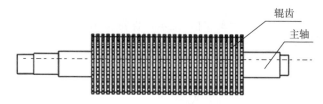

图 4-9　辊钉式碾压揭皮辊结构示意

刀片齿刃高为 a，厚度为 b，伸出齿刃长为 c，刃角头长度大于秸秆皮厚，以保证有效划切进入秸秆内部，通过分析得到：

$$b^2 = a^2 + c^2 + a^2 + (b^2 + c^2) - 2\sqrt{a^2 + c^2}\sqrt{a^2 + (b^2 + c^2)}\cos\beta$$

化简得齿刃角 β 计算式为：

$$\cos\beta = \frac{a^2 + c^2 + a^2 + (b+c)^2 - b^2}{2\sqrt{a^2 + c^2}\sqrt{a^2 + (b+c)^2}}$$

因玉米秸秆平均皮厚为 1 毫米，为了使秸秆皮完全揭开，根据碾压揭皮辊转动直径，设计齿刃深入秸秆内部 2 毫米，设计刀片齿刃高 2 毫米，厚度 2 毫米，伸出齿刃长 1 毫米，计算分析结果表明：刃角为 30°，在此齿型刀片作用下，秸秆皮穰发生挤压现象，秸秆穰发生塑性变形，秸秆皮具有回弹效应，破坏皮穰黏结力，使之部分分离。

辊钉式碾压揭皮辊选取 Q345 钢，线切割加工，辊钉表面淬火处理提高硬度和耐磨性。生产后装配试验机如图 4 - 10 所示。

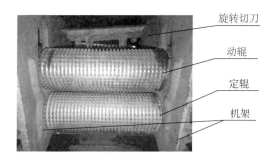

图 4 - 10　辊钉式碾压揭皮辊装配

五、辊齿式碾压揭皮辊设计

根据第三章秸秆临界压缩皮穰分离试验分析可知，秸秆受外力压缩至卸载，皮穰间有相对黏结断裂现象，应用低密度间隔性碾压划切给秸秆间隔压缩缓冲，进而充分完成皮穰分离工作，基于此原理设计辊齿式碾压揭皮辊。

以上述问题为目标，设置计算方法，在 CAE 中 Topology Optimization 拓扑优化分析，碾压揭皮辊截面优化结果如图 4 - 11 所示。

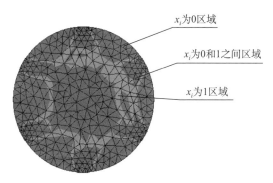

图 4 - 11　碾压揭皮辊优化后密度重分截面

经计算可知，灰色区域为密度相对高区，材料重分配优化拓扑形状即类六角形状，红色区域为密度相对低区，可修剪去掉材料，对碾压揭皮辊结构数学模型再设计，如图 4-12 所示，每个碾压揭皮辊上均匀分布 6 个矩形截面凹槽，用于装配齿型刀片，同时对秸秆产生间隔碾压，迫使秸秆产生间隔的弹塑变形。定、动碾压揭皮辊结构相同，转动方向相反，转速相同。

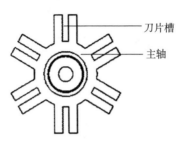

图 4-12　辊齿式优化后的拓扑截面

碾压揭皮辊工作原理如图 4-13 所示，通过计算秸秆输送力为，因秸秆向前运动产生输送力，固有 $F>0$，即：

$$\frac{f_p}{P} > \tan\alpha$$

定义 c 为碾压揭皮辊对秸秆摩擦因数，即：

$$c > \tan\alpha$$

计算碾压揭皮辊半径，取轴线长中点为中心即：

$$2Rg\cos\alpha + H = 2Rg + H'$$

化简得：

$$Rg = \frac{H-H'}{2(1-\cos\alpha)} = \frac{H(1-u)}{2(1-\cos\alpha)}$$

式中　H——碾压前秸秆厚度；

　　　H'——碾压后秸秆厚度；

　　　u——秸秆压缩比。

通过试验测得玉米秸秆平均直径范围为 16～32 毫米，$u=0.6$，$c=0.6$。综上，当玉米秸秆直径取平均值 $t=24$ 毫米、$u=0.6$，

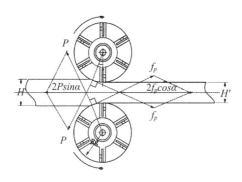

图 4 - 13　碾压揭皮辊工作原理

$c=0.6$、碾压揭皮辊表面对秸秆的摩擦角 $\alpha=30°$时，保证玉米秸秆能自动输送的条件是碾压揭皮辊半径为 $R=33$ 毫米。辊齿式碾压揭皮辊如图 4 - 14 所示。

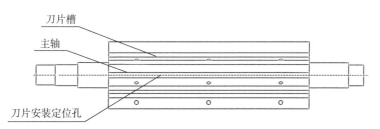

图 4 - 14　辊齿式碾压揭皮辊结构示意

　　齿型刀片安装在碾压揭皮辊上，刀片施力的作用效果直接影响碾压揭皮机构工作流畅度及皮穰分离效果，所以需要对齿型刀片精细化设计。由于秸秆喂入碾压揭皮是一个动态的过程，齿型刀片直接与秸秆摩擦接触，在设计碾压揭皮机构时，将转动部件碾压揭皮辊与秸秆接触部件齿型刀片作为装配体组成碾压揭皮辊，刀片通过螺钉固定装配到碾压揭皮辊凹槽内部，方便对磨损齿型刀片更换。齿型刀片结构如图 4 - 15 所示，秸秆喂入数量设计为 3～5 根，按秸秆平均尺寸及秸秆间隙尺寸 30 毫米，设计刀片长度与凹槽轴长度为 170 毫米、高度 10 毫米、宽度 3 毫米，为了在秸秆表面产生间接划切作用力，根据刀片总长和秸秆直径尺寸设计刀片顶部分布 34 个齿刃，齿刃宽度 2 毫米，齿刃间距 3 毫米。

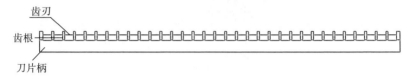

图 4 - 15　齿型刀片示意图

齿型刀片的齿刃划切秸秆力与玉米秸秆的物料特性、秸秆皮厚度、皮穰黏结力等因素有关。为有效地将秸秆皮穰划切分离，设计刀片刃角如图 4 - 16 所示，刀片齿刃高为 a，厚度为 b，伸出齿刃长为 c，刃角头长度大于秸秆皮厚，以保证有效滑切进入秸秆内部，通过分析得到

$$b^2 = a^2 + c^2 + a^2 + (b^2 + c^2) - 2\sqrt{a^2 + c^2}\sqrt{a^2 + (b^2 + c^2)}\cos\beta$$

化简得齿刃角 β 计算式为

$$\cos\beta = \frac{a^2 + c^2 + a^2 + (b+c)^2 - b^2}{2\sqrt{a^2 + c^2}\sqrt{a^2 + (b+c)^2}}$$

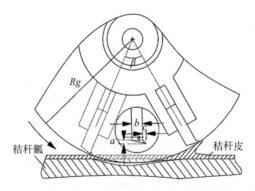

图 4 - 16　碾压揭皮辊揭皮工作原理

通过试验测得玉米秸秆平均皮厚为 1 毫米，为了使秸秆皮完全揭开，根据碾压揭皮辊转动直径，设计齿刃深入秸秆内部 2 毫米，

设计刀片齿刃高 2 毫米，厚度 2 毫米，伸出齿刃长 1 毫米，计算分析结果表明：刀角为 $30°$，在此齿型刀片作用下秸秆皮穰发生挤压现象，秸秆穰发生塑性变形，秸秆皮具有回弹效应，破坏皮穰黏结力，使之部分分离。

由于秸秆直径不确定，上碾压动辊通过弹簧预紧连接作用，在滑轨内实现其随秸秆的直径不同而在 30 毫米范围内上下移动。根据秸秆挤压力设计了 5 个不同辊齿初始间隙如图 4-17 所示，即上、下碾压揭皮辊齿型刀片的齿刃之间初始距离。经试验测得玉米秸秆顶部的直径在 6～10 毫米，为了保证上、下碾压揭皮辊的齿型刀片能切割到秸秆，上下齿型刀片的初始间隙设为 4～8 毫米，故辊齿初始间隙分别为 4 毫米、5 毫米、6 毫米、7 毫米、8 毫米。

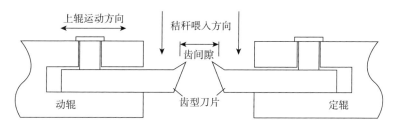

图 4-17　齿型刀片及装配示意图

齿型刀片通过螺钉固定在碾压揭皮辊上，如图 4-18 所示，下碾压揭皮辊轴向、径向固定，周向自由转动；上碾压揭皮辊在弹簧的作用下轴向固定，径向自由移动，周向自由转动。齿型刀片工作磨损后，便于更换。在碾压揭皮机构工作的过程中，玉米秸秆经碾压揭皮辊向前输送的同时，齿型刀片上的齿刃对秸秆划切，并揭开外皮。

在预试验和生产的过程中发现，辊齿式碾压揭皮辊存在问题：同速碾压，秸秆经辊齿式碾压揭皮辊辊齿喂入，由于先期控制辊齿间隙，设计辊齿同时"插入"秸秆内部，会产生滑移而使揭皮效果不完全，特别对于含水率高的秸秆皮穰分离效率差。

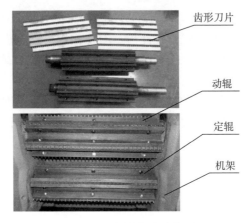

图 4-18　碾压揭皮辊装配

六、辊齿刀耦合式碾压揭皮辊设计

在预试验中辊齿式碾压揭皮辊对含水率低的秸秆皮穰分离效果85%以上，但对于含水率高的秸秆，特别是新鲜秸秆分离率低，满足不了生产要求，在对分离的秸秆研究中发现，湿秸秆因水分足，仅靠辊齿插入无法破坏皮和穰之间的黏结力。在研究秸秆压缩切割力学变化时发现，对秸秆作用延轴向连续切割力可以助于压缩分离。基于此原理设计了辊齿刀耦合式碾压揭皮辊。

更新设计辊齿刀耦合式揭皮碾压揭皮辊如图 4-19 所示，通过试验测得玉米秸秆平均直径范围为 16~32 毫米，碾压揭皮辊上分布间隔 10 毫米 13 组圆锯片，有效支撑秸秆压缩的同时对秸秆作用切割分离。

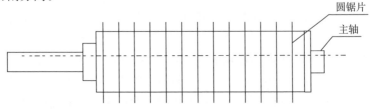

图 4-19　辊齿刀耦合式碾压揭皮辊结构示意图

碾压揭皮辊工作原理如图 4 - 20 所示，通过计算秸秆输送力为：

$$F = 2f_p\cos\alpha - 2P\sin\alpha$$

因秸秆向前运动产生输送力，固有 $F>0$，即：

$$2f_p\cos\alpha > 2P\sin\alpha$$

式中　α——平均压力角；

　　　P——碾压揭皮辊对秸秆单侧压力；

　　　f_p——摩擦力。

计算碾压揭皮辊半径，取直径长中点为中心即：

$$2Rg\cos\alpha + H = 2Rg + H'$$

通过试验测得玉米秸秆平均直径范围为 16～32 毫米，$u=0.6$，$c=0.6$。综上，当玉米秸秆直径取平均值 $t=24$ 毫米、$u=0.6$、$c=0.6$、碾压揭皮辊表面对秸秆的摩擦角 $\alpha=30°$ 时，确定出保证玉米秸秆能自动输送的条件是碾压揭皮辊半径为 $R=33$ 毫米。

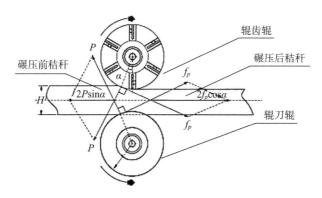

图 4 - 20　辊齿刀耦合式碾压揭皮辊工作原理

由于秸秆直径不确定，上碾压动辊通过弹簧预紧连接作用，在滑轨内实现其随秸秆的直径不同而在 30 毫米范围内上下移动。根据秸秆挤压力设计了 5 个不同辊齿初始间隙、如图 4 - 21 所示，即上、下碾压揭皮辊齿型刀片的齿刃之间初始距离。经试验测得玉米秸秆顶部的直径在 6～10 毫米，为了保证上、下碾压揭皮辊的齿型刀片能切割到秸秆，上下齿型刀片的初始间隙设为4～8毫米，故辊齿初始间隙分别为4毫米、5毫米、6毫米、7毫米、8毫米。

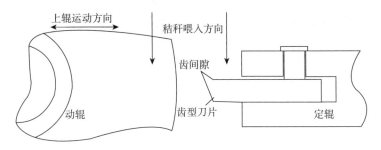

图 4-21　齿型刀片及装配示意图

　　齿型刀片通过螺钉固定在碾压揭皮辊上，如图 4-22 所示，下碾压揭皮辊轴向、径向固定，周向自由转动；上碾压揭皮辊在弹簧的作用下轴向固定，径向自由移动，周向自由转动。齿型刀片工作磨损后，便于更换。在碾压揭皮机构工作的过程中，玉米秸秆经碾压揭皮辊向前输送的同时，齿型刀片上的齿刃对秸秆划切，并揭开外皮。

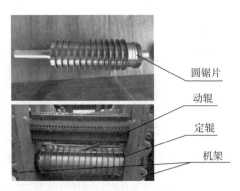

图 4-22　辊齿刀耦合式碾压揭皮辊装配

　　在生产和预试验的过程中发现，辊齿刀耦合式碾压揭皮辊存在问题：秸秆上辊挤压力大于下侧挤压力，湿秸秆部分分离效果满足要求，部分不满足要求，后续需试验验证。

在第三章秸秆力学特性试验可知，秸秆临界压缩强度换算碾压力为 1 000 牛，上述碾压揭皮辊设计可知，秸秆的挤压力由动辊提供，动辊的质量在 5 千克，重力约 50 牛。为了满足秸秆压缩致使皮穰分离需要引进弹簧作为压力补充，如图 4 - 23 所示，在定辊与动辊两侧连接弹簧，弹簧左右分布各 1 条，理论预紧力为 475 牛。

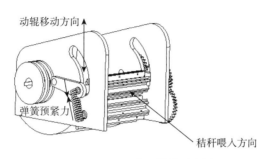

图 4 - 23　喂入装置结构示意图

七、基于高速摄影秸秆皮穰分离分析

玉米秸秆皮穰分离过程速度快，运动机理复杂，为进一步验证秸秆在皮穰分离机内部工作状态，以辊齿刀耦合式喂入装置为验证对象，借助高速摄影来研究秸秆从喂入到碾压、碾压到切割和切割刀抛送过程不同时态下秸秆特性。高速摄影技术是一项高科技测量技术，在军事、工业和电视电影领域已经得到高度应用，近年来在农业领域也得到了大力的应用。2014 年，陈争光采用美国约克公司生产的 Phantom V606 摄像机，研究了玉米穰颗粒在分离过程中的运动轨迹，找到颗粒运动曲线，并根据曲线改进了皮穰分离机设备。同样在 2014 年，赵学观等利用高速摄影对玉米种子的定向吸附进行了研究，找到了定向吸附摆放的最佳吸口参数。朱忠祥等在 2015 年利用高速摄影研究了玉米果穗薄皮的运动过程，再通过 CAE/LS-DYNA 仿真数据拟合，证明了仿真结果可以代替物理实验完成设计与分析。

1. 高速摄影机系统参数　本试验采用日本信浓公司生产的

PLEXLOGGER 系列 PLUS II 高速摄影机。摄影机可以捕捉堵塞、干扰状态、下降、振幅、共振状态、冲击、振动、旋转状态、喷涂、高速旋转、NC 车床运行状态和切削刀具中的刀片劣化等状态。设备型号 PL2，内存 8 千兆，拍摄速度 1×106 桢/秒，流通道数量 4ch，采样率 1 兆点/秒，最大输入电压 250 伏，测量范围 $25\sim50$ 伏，外形尺寸 54 毫米×102 毫米×56 毫米，工作温度范围 $0\sim40$℃。

2. 秸秆皮穰分离过程分析　辊齿刀耦合式碾压揭皮辊对含水率较高秸秆有较好的分离效果，本节以辊齿刀耦合式碾压揭皮辊为研究对象，如图 4-24 所示。从三个角度（碾压揭皮辊上侧、左侧和右侧）对碾压机理进行跟踪拍摄。

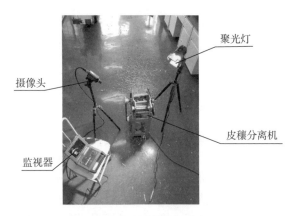

聚光灯

摄像头

皮穰分离机

监视器

图 4-24　高速摄影试验拍摄现场

拍摄前计算机中需安装 Plextor 软件如图 4-25 所示，以便对拍摄后的素材及时处理，高速摄影对内存需求大，每次拍摄完成需导出至计算机保存，再进行下次拍摄。

高速摄影需要强光照射对拍摄场景补光，将相机固定在三脚架上，连接供电线缆及以太网线数据线缆，安装镜头，相机通电，打开监视器，在监视器中查看对焦情况，直到对焦清晰。

在监视器中设置相应的参数，开始拍摄。在开始记录图像界面出现，选 OK 进入拍摄模式，在拍摄期间可以对重点需求节点抓

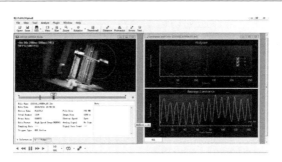

图 4-25　高速摄影软件

拍，分别用 Mark In 和 Mark Out 设置需要保存图像的起始位置，点击 Save 按钮保存。

保存的文件可以根据时程反复观看，查看记录时间和每一帧图片。由于高速摄影可记录时间较短，记录时间在 1~15 秒，试验一人操作监视器，一人控制秸秆喂入，以便采集碾压过程图像。选择拍摄频率 1 000 张/秒，分辨率 1 280×992 像素。

为了更清楚查看碾压分离情况，秸秆喂入为单根喂入，一次试验时间为 5 秒。拍摄角度为碾压揭皮辊上侧、左侧和右侧，如图 4-26 所示。摄像参数为：像素大小 1 280×512 像素，帧速 1 000 帧/秒，曝光时间 500 微秒，帧延迟 1 微秒。

图 4-26　拍摄时三个角度

3. 多视角秸秆碾压划切运动分析

（1）右侧拍摄分析。在碾压揭皮辊转速 374 转/分情况下喂入秸秆，分析秸秆碾压过程。如图 4－27 所示，在第 856 帧、860 帧和 869 帧，碾压揭皮辊同一节间秸秆作用，标注尺寸长度分别为 284、214 和 197，秸秆有明显挤压变形情况出现，划切齿摄入秸秆皮中将皮拨开。

 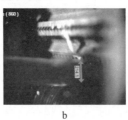 

a   b   c

图 4－27　不同帧下的高速摄影拍摄试验

a. 第 856 帧　b. 第 860 帧　c. 第 869 帧

动辊随喂入秸秆直径变化而沿滑轨上下移动，在弹簧和重力的作用下，伴随机械振动而有位移变化，动辊的稳定性对秸秆皮穰划切分离有重要作用。秸秆选择直径顶至底部直径为 5～30 毫米，含水率 20%，利用 Plextor 软件，对划切过程动辊与定辊间距离标记记录，绘制动辊运动特性时间-位移曲线，由秸秆顶部喂入受划切辊碾压作用开始计时，得到数据如图 4－28 所示，曲线平方和 0.017 83，R 值 0.169 04。对数据进行分析可知，喂入碾压揭皮辊转速一定的情况下，秸秆直径顶部到底部喂入，伴随节间喂入直径越大，位移波动越大，碾压伴随振动，总体位移收敛于初始间隙增加 1 毫米。

如图 4－28 所示，每节间振动特性有不同，曲率在 0.56～0.70 之间，在第 9 节间，因为直径增长，曲率增加为 1.25。

（2）左侧拍摄分析。左侧拍摄曝光度较高，在相同碾压揭皮辊转速情况下喂入秸秆。如图 4－29 所示，在第 551 帧、560 帧和 568 帧，辊齿刀耦合齿对秸秆有明显剥离作业。

利用 Plextor 软件，对划切过程动辊与定辊间距离标记记录，绘

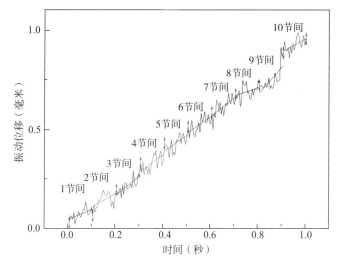

图 4 - 28　1～10 节间振动位移

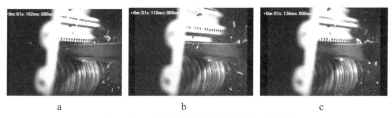

图 4 - 29　不同帧下的高速摄影拍摄试验

a. 第 551 帧　b. 第 560 帧　c. 第 568 帧

制动辊运动特性时间-位移曲线,与右侧拍摄结果相同,得到数据如图 4 - 30 所示,曲线平方和 0.019 8,R 值 0.176 5。如图 4 - 30 所示,每节间振动特性有不同,曲率在 0.58～0.72 之间,在第 9 节间,因为较粗,曲率增加为 1.31。

（3）上侧拍摄分析。上侧可以较直观地观察喂入前和碾压后秸秆的形态,左侧拍摄曝光度较高,在相同碾压揭皮辊转速情况下喂入秸秆。如图 4 - 31（a）和（b）所示,为同帧下标记碾压前和碾压后秸秆横向宽度,碾压前为 86.4,碾压后为 110.7,有较为明显的变化。图 4 - 31（c）、（d）和（e）也可以清晰地发现,碾压喂入

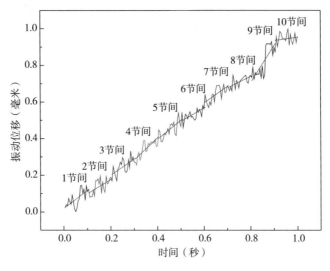

图 4 - 30　1～10 节间振动位移

前和后的对比，对比看出，皮穰有部分分离，更有部分已经完全脱离分开。

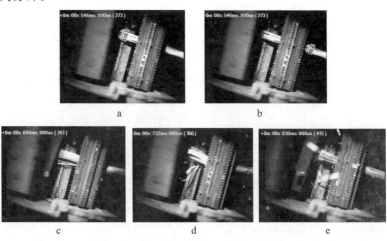

图 4 - 31　不同帧下的高速摄影拍摄试验

a. 第 273 帧碾压后标注　b. 第 273 帧碾压前标注

c. 第 343 帧　d. 第 366 帧　e. 第 415 帧

Chapter 5

第五章
碾压揭皮辊有限元仿真分析

自"CAE（computer dided engineering）"这个名词第一次出现，到今天有限元在工程上得到广泛应用，可以看出有限元分析方法的一些发展趋势：

（1）与 CAD 软件的无缝集成。即在用 CAD 软件完成部件和零件的造型设计后，能直接将模型传送到 CAE 软件中进行有限元网格划分并进行分析计算，软件采用了基于 Parasolid 内核的实体建模技术，能和 CAD 软件实现真正无缝的双向参数化交换。

（2）更为强大的网格处理能力。有限元法求解问题的基本过程主要包括分析对象的离散化、有限元求解、计算结果的后处理三部分。

（3）由求解线性问题到非线性问题。随着科学技术的发展许多工程问题仅靠线性理论根本不能解决。为此软件公司开发非线性求解分析软件，开发出具有高效的非线性求解器。

（4）由单一结构场到物理场耦合问题的求解方法。由于有限元的应用越来越深入，人们关注的问题越来越复杂，耦合场的求解必定成为 CAE 软件的发展方向。

（5）程序面向用户的开放。由于用户的要求不尽相同，必须给用户一个开源的环境，用户可根据自己的实际情况对软件进行开发与扩充。

第一节　碾压揭皮辊振动特性分析

皮穰分离装置作为碾压揭皮辊的载体，对保持秸秆皮穰分离稳定性具有控制作用，秸秆皮穰分离装置利用碾压、切割和撞击形式实现玉米秸秆的皮穰分离。玉米秸秆沿进料口进入转动方向相反对辊中碾压，秸秆通过压辊进入切割室受到刀片的撞击和切割，实现玉米秸秆的皮穰分开。分开后的秸秆皮和穰通过进一步的撞击分离、风选进入收集系统，完成分类收集。

一、碾压揭皮辊工作参数

秸秆皮穰分离的核心部件为碾压切割装置，其主要工序为：秸秆喂入—压辊划开秸秆并碾压—撞击切割秸秆—皮穰分开。

根据秸秆力学特性以及秸秆碾压受力情况，将碾压揭皮辊分为定辊和动辊，定辊只能在固定轴转动，通过弹簧链接动辊，实现其随秸秆的直径不同自由上下移动，同时由弹簧的拉力和辊子自身的重力对秸秆进行夹紧和碾压。秸秆喂入装置主要技术参数见表 5-1。喂入装置工作受电机振动等外界谐振扰动，工作稳定性需分析测定，排除整机试验与机械相关性，使后续试验分析结论更具有说服性。

表 5-1　秸秆碾压切割机主要技术参数

技术参数	设计值
生产率（千克/时）	300
切割颗粒长度（毫米）	5～10
配套功率（千瓦）	55
长×宽×高（毫米×毫米×毫米）	1 250×830×410
主轴转速（转/分）	2 950
切刀数量（片）	3

二、碾压揭皮辊振动机理

研究表明多数农用机械存在工作失效快、易损坏等问题，其中原因之一是在设计之初没考虑振动问题。根据机械固有频率理论，为了使秸秆碾压切割装置能承受同频或不同频下的各种正弦交变载荷作用，对其主要工作部件探测共振响应，从而避免其发生因共振引起破坏，实现工作平稳，迫切需要研究其振动特性。

对于碾压切割装置选用动力方程为：

$$[M]\{\ddot{u}\} + [C]\{\dot{u}\} + [K]\{u\} = \{F\}$$

对于结构的固有频率假定自由振动并忽略阻尼：

$$[M]\{\ddot{u}\} + [K]\{u\} = \{0\}$$

方程的根是 Wi^2，即特性值，其中 i 范围是从 1 到自由度个数，对应的特性矢量为：

$$([K] - \omega^2[M])\{u\} = \{0\}$$

其中力与位移都是谐波形式：

$$\{F\} = \{F_{max}e^{i\psi}\}e^{i\omega t} = (\{F_1\} + i\{F_2\})e^{i\omega t}$$

$$\{u\} = \{u_{max}e^{i\psi}\}e^{i\omega t} = (\{u_1\} + i\{u_2\})e^{i\omega t}$$

谐振分析的运动方程：

$$(-\omega^2[M] + i\omega[C] + [K])(\{u_1\} + i\{u_2\}) = (\{F_1\} + i\{F_2\})$$

式中　　$[M]$、$[K]$——常数；

w——自振圆周频率。

谐振分析假定所施加的载荷都是随时间按简谐（正弦）规律变化，允许不同相位角的多重载荷同时施加，相位角缺省为零。所有施加的载荷都假定是谐波形式变化的，包括温度与重力场。机械振动的研究基础是结构本身固有频率研究，模态特征值提取方法比较见表 5-2，可知对于碾压切割机构在划分节点在 1×10^5 以内，网格形式以实体单元为主，所以选择分块兰索斯法为最佳。

表 5-2　模态特征值提取方法

提取方法	求解器	适用性
分块兰索斯法	稀疏矩阵求解器	当提取 $5\times10^4\sim1\times10^5$ 个自由度的大量振型时方法很有效，在实体单元和壳单元模型中，允许提取高于某个给定频率的振型，可以很好地处理刚体振型，需要较高的内存。
子空间法	波前求解器	对单元质量要求较高，在具有刚体振型时可能会出现收敛困难问题，在具有约束方程时不要用此方法，需要较少的内存。
动力法	动力求解器	单元形状出现病态矩阵时可能不收敛，建议只将这种方法作为对大模型的一种备用方法，计算时比子空间法快，需要很大的内存。
缩减法	波前求解器	矩阵缩减法，即选择一组主自由度来减小 $[K]$ 和 $[M]$ 的大小，缩减的刚度矩阵 $[K]$ 是精确的，但缩减的质量矩阵 $[M]$ 是近似的，在结构抵抗弯曲能力较弱时如细长的梁和薄壳不推荐使用此方法，此方法运算快，需要较少的内存空间。

　　由图 5-1 所示，对上述设计的 3 种不同的碾压揭皮辊（辊齿式、辊齿刀耦合式及辊钉式碾压揭皮辊），应用有限元仿真分析软件 CAE 进行振动特性模拟仿真。

a　　　　　　　　b　　　　　　　　c

图 5-1　辊齿式、辊钉式、辊齿刀耦合式揭皮碾压揭皮辊几何模型
a. 辊齿式　b. 辊钉式　c. 辊齿刀耦合式

三、碾压揭皮辊固有振动频率分析

碾压切割装置动力输入源通过皮带轮转动实现，电机振动对机械会引起整体机械共振，将碾压切割结构进行自振频率模拟仿真，以确定结构自振频率及形变影响。对 3 种压辊结构部件与部件之间添加绑定接触关系，机架底端固定，对结构进行网格划分，采用四面体与六面体，带有中间节点 solid 186 单元，设置提取碾压切割装置前 30 阶模态，前 30 阶频率可以覆盖机械运动的激振频率范围。

根据有限元原理分析计算，碾压装置模态分析结果如图 5 - 2 所示，分析前 6 阶振型，从结果云图可以看出：一阶模态 186.23

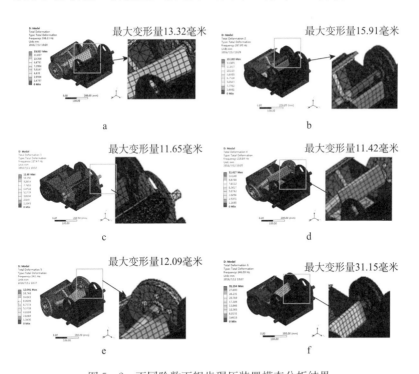

图 5 - 2 不同阶数下辊齿碾压装置模态分析结果

a. 一阶 186.23 赫兹 　 b. 二阶 207.99 赫兹 　 c. 三阶 227.47 赫兹

d. 四阶 229.99 赫兹 　 e. 五阶 242.00 赫兹 　 f. 六阶 246.59 赫兹

赫兹以皮带轮和切刀平动破坏为主，二阶模态 207.99 赫兹以切刀转动破坏主，三阶模态 227.47 赫兹以压辊平动破坏为主，四阶模态 229.99 赫兹以皮带轮和切刀扭动破坏为主，五阶模态 242.00 赫兹以切刀前后晃动破坏为主，六阶模态 246.59 赫兹以切刀转动破坏为主。

由图 5-2 可以看出，计算出前六阶模态，碾压切割结构变形较大处集中在切刀部分和压辊处。

3 种碾压揭皮辊结构模型前 30 阶模态分析见图 5-3，可以看出在前 15 阶模态（低于 370 赫兹），3 种碾压揭皮辊结构共振频率基本相同，在高阶频率中，铆式碾压揭皮辊刚性好，共振频率最高；齿式碾压揭皮辊刚性较弱，共振频率最低；刀式碾压揭皮辊比齿式稍高低于螺旋式。3 种碾压揭皮辊共振频率由低到高依次为：辊齿式＜辊齿刀耦合式＜辊钉式。

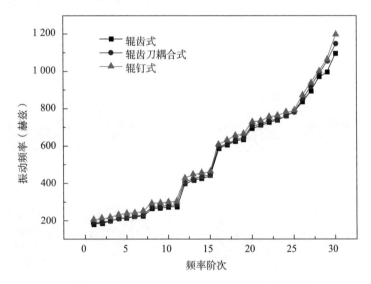

图 5-3　辊齿式、辊齿刀耦合式、辊钉式碾压
揭皮辊 1-30 阶模态对比

3 种碾压揭皮辊结构碾压切割装置模态可以看出，发生共

振效应区域集中在切刀和碾压揭皮辊两处，使得工作部件易发生破坏、产生振动噪声，以此为依据分析结构受迫振动响应情况。

本研究的碾压切割装置通过皮带轮输入动力，皮带轮连接电机是一种简谐规律变化的载荷，以上述已分析出的结构自振频率为基础，应用模态叠加原理进行机械振动的仿真模拟。

在 CAE 当中可以采取三种方法进行谐振分析：Full（完全法）、Reduced（缩减法）、Mode Superposition（模态叠加法）。

模态叠加法较其他两种方法计算更快且成本低，分析得到的结果更为精准，并且计算结果可以包含预应力结果，允许考虑振型阻尼（阻尼系数为频率的函数）。

模态叠加法通过对模态分析得到的振型（特征向量）乘上因子并计算出响应结果。所以模态叠加法在计算农业机械振动问题有比较明显的优势。

基于模态分析中的谐振分析有一些局限性，即所有载荷必须随时间按正弦载荷规律变化，载荷必须有相同的频率，计算不允许有非线性参与，不允许瞬态效应，但对于碾压切割结构的输入载荷恰好随时间按正弦载荷规律变化，所以对仿真结果没有影响。

四、碾压揭皮辊简谐谱振动分析

在 CAE 中基于模态分析进行模态叠加谐振分析，在皮带轮施加变化的正弦载荷，约束保持不变，调整时间步长进行分析，皮带轮和机体连接处受简谐振动破坏较大。

通过对 3 种碾压揭皮辊机构的机械谐振模拟，辊齿式、辊齿刀耦合式、辊钉式碾压揭皮辊简谐谱皮带轮和机体连接处最大应力值对比（图 5-4），结果表明：3 种机型在 150 赫兹之前基本保持比较平稳，在 180 赫兹、240 赫兹、310 赫兹几个定点达到共振点，表明在响应频率点在附近时，机械发生共振，选取电机频率时应避免，使得结构相对稳定性强。

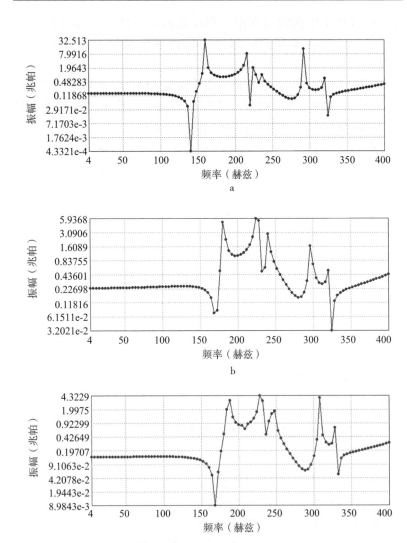

图 5-4 辊齿式、辊齿刀耦合式、辊钉式碾压揭皮辊简谐谱对比图
a. 辊齿式　b. 辊齿刀耦合式　c. 辊钉式

由图 5-4 分析得出 3 种碾压揭皮辊三次共振频率峰值点如表 5-3 所示。

表 5 - 3 三次共振频率高点

类型/共振点频率	最小阶（赫兹）	中阶（赫兹）	高阶（赫兹）
辊钉式	155	220	370
辊齿刀耦合式	170	240 ·	375
辊齿式	175	235	345

以上看出 3 种碾压揭皮辊受迫振动的情况下，3 种碾压揭皮辊受迫稳定性由低到高依次为：辊齿式＜辊齿刀耦合式＜辊钉式。

根据秸秆物料特性，设计了皮穰碾压切割分离装置，秸秆皮穰分离装置是利用碾压、切割和撞击形式实现玉米秸秆的皮穰分开。根据碾压形式设计了 3 种碾压揭皮辊，分别为辊齿式、辊齿刀耦合式和辊钉式。通过模态特征值提取方法的对比研究。表明碾压切割机械节点在 1×10^5 以内，选择分块兰索斯法为计算方法，计算准确，效率高。通过自振频率的模拟，碾压揭皮辊结构对整体机械的振动频率有影响，齿式碾压揭皮辊模态频率低，铆式碾压揭皮辊的模态频率高。3 种碾压揭皮辊共振频率由低到高依次为：辊齿式＜辊齿刀耦合式＜辊钉式。通过谐振模拟，3 种碾压机构受迫稳定性由低到高依次为：辊齿式＜辊齿刀耦合式＜辊钉式。3 种碾压机构在 150 赫兹之前基本保持比较平稳，在 180 赫兹、240 赫兹、310 赫兹 3 个频率达到峰值，工作时候尽量避免在这个区间，对电机选取具有指导意义。

第二节 碾压揭皮辊划切齿强度疲劳分析

一、基于碾压揭皮辊有限元解法

碾压揭皮辊转动过程，划切齿与秸秆接触与摩擦，碾压揭皮辊与切齿部会有应力集中和疲劳现象出现，根据弹性力学及有限元理论，应力应变的关系式为：

$$\sigma = E(\varepsilon) \cdot \varepsilon$$

式中 σ——材料的应力强度；

ε——材料应变；

E（ε）——材料的弹性模量矩阵。

应力、应变与作用力 F 关系为：

$$\int_V D^T \sigma dV - F = 0$$

式中 D——单元应力矩阵。

根据有限元计算方法中，平衡方程为：

$$\psi(u) = K(u)u - F = 0$$

式中 $K(u) = \int_V D^T E(u)DdV - F$，$u$ 为单元位移矩阵。

将上式改为增量形式为：

$$d\sigma = E_T(\varepsilon) \cdot d\varepsilon$$

若刚度矩阵 $K_T = \dfrac{\partial \psi}{\partial u}$，有：

$$d\psi = K_T du$$

有限元法计算根据时间接触解析，根据 Newton-Raphson 方法，计算迭代求解公式为：

$$\begin{cases} K_T^n \Delta u^{n+1} = -\psi^n \\ u^{n+1} = u^n + \Delta u^{n+1} \end{cases}$$

式中，$\psi^n = \int_V D^T \sigma^n dV - F$，即计算碾压揭皮辊解析节点位移在第 n 次迭代收敛近似值 u_n，由此推导应变量 E（ε），根据应变量带入矩阵计算公式 K_T 求出 Ψ^n，将 K_T 于 Ψ^n 带入应力求解公式，得出位移 Δu_{n+1}，反复迭代，直至计算时长为 1 收敛结束。

在揭皮辊工作过程，划切齿与秸秆反复作用会导致材料疲劳失效。根据疲劳失效原因许多学者提出不同的疲劳寿命预测模型。其中对称循环载荷下，经典的 Basquin 公式得到了等效应力和失效反向数的关系式。

其中 Basquin 公式表现形式为：

$$\sigma_a = \sigma_f (2N)^b$$

式中　a、b——材料参数；

σ_f——疲劳强度系数。

根据 S-N 曲线可以计算出划切齿在常幅载荷下的疲劳寿命。Miner 提出并完善了线性损伤累积理论，当损伤叠加到达极值时，结构就会发生疲劳破坏，线性损伤累积与试验吻合度高，在工程上被广泛采用。

累积损伤分布函数为：

$$F_r(t) = P\{T_r < t\} = \sum_{i=1}^{k} \frac{u_i t_i}{T}$$

式中　$F(t)$ ——在时间 t 内部件失效的可能性。

$F(t)$ 表示为 1 个概率，通过失效得到可靠度 $R(t)$ 为：

$$R(t) = 1 - F(t) = P\{T_r > t\} = 1 - \sum_{i=1}^{k} \frac{u_i t_i}{T}$$

积累损伤度 D 为：

$$D = \sum_{i=1}^{k} \lambda_i \frac{n_i}{N_1} = \overline{T} = \lambda_1 \frac{n_1}{N_1} + \lambda_2 \frac{n_2}{N_2} + \cdots + \lambda_k \frac{n_k}{N_k}$$

部件失效概率密度函数为：

$$f = \frac{t}{T} = \frac{\sum_{i=1}^{k} u_i t_i}{T} = \frac{u_1 t_1}{T} + \frac{u_2 t_2}{T} + \cdots + \frac{u_k t_k}{T} = \frac{\sum_{i=1}^{k} u_i t_i}{T_i u_i}$$

$$= \frac{t_1}{T_1} + \frac{t_2}{T_2} + \cdots + \frac{t_k}{T_3}$$

当累积损伤到达 $D=1$ 时，累积时间也接近使用时间寿命，$f=1$，所以有部件失效概率密度函数等价于累积损伤度 $D=f=1$。

二、碾压揭皮辊强度及疲劳仿真分析

根据已设计的辊齿式碾压揭皮机构，应用 SolidWorks 软件建立辊齿装配模型。核心部件的受力分析及分离机的工作条件为：电动机功率 1.5 千瓦、电动机转子转速为 1 440 转/分（频率 50 赫兹），辊齿初始间隙分别为 4 毫米、5 毫米、6 毫米、7 毫米、8 毫米，根据玉米秸秆与碾压机构辊齿力的作用力与反作用力关系，对辊齿的受力进行计算，验证辊齿工作可靠性与稳定性，并应用CAE 有限元仿真模拟软件进行静力学分析，根据秸秆与揭皮辊作用力可知作用揭皮齿根部力为 7.5 兆帕，辊轴两侧固定，齿部加均布载荷，全局网格划分，网格为带有中间节点的六面体和四面体网格，单元平均尺寸 3.2 毫米，如图 5-5 所示。

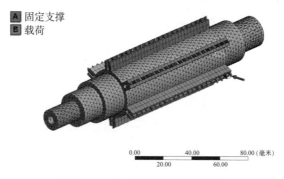

图 5-5　揭皮辊网格及边界条件

　　分析图 5-6 可知，4 毫米间隙辊齿式、辊齿刀耦合式、辊钉式碾压揭皮辊受到极限载荷作用时应力集中都发生在划切齿与秸秆接触处，计算得到 Von-Mises 应力最大值分别为 26.3兆帕、31.05 兆帕和 24.85 兆帕，材料屈服强度 345 兆帕，第一主应力沿辊齿径向，表明秸秆进料过程中对齿受到压力作用力较大。

a

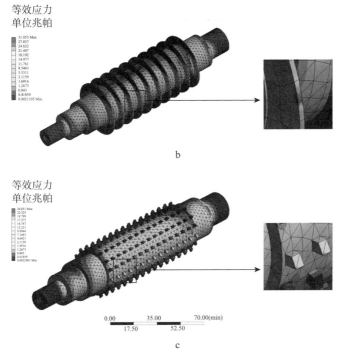

图 5-6　辊齿式、辊齿刀耦合式、辊钉式应力分析

a. 辊齿式最大应力 26.30 兆帕　b. 辊齿刀耦合式最大应力 31.05 兆帕

c. 辊钉式最大应力 24.85 兆帕

同理计算辊齿初始间隙 5 毫米、6 毫米、7 毫米、8 毫米可知
（表 5-4），受到极限载荷作用时应力集中同样发生在齿型刀片齿
顶处，辊齿式分别为 24.96～26.14 兆帕，辊齿刀耦合式分别为
29.01～30.45 兆帕，辊钉式分别为 23.22～24.63 兆帕。均小于 4
毫米间隙对应值。

表 5-4　各辊齿极限应力

齿间隙（毫米）	辊齿式（兆帕）	辊齿刀耦合式（兆帕）	辊钉式（兆帕）
4	26.30	31.05	24.85
5	26.14	30.45	24.63

（续）

齿间隙（毫米）	辊齿式（兆帕）	辊齿刀耦合式（兆帕）	辊钉式（兆帕）
6	25.65	30.12	24.12
7	25.48	29.63	23.65
8	24.96	29.01	23.22

上述应力分析表明，3 种碾压揭皮辊 5 个齿间隙计算结果均在许用应力范围内，经过疲劳计算，5 种间隙辊齿均属高周疲劳，可以长时间工作而不发生损坏，进一步证明结构设计的合理性。齿型刀片对辊间隙过小，长时间工作，刀片易产生弯曲变形；齿型刀片对辊间隙过大不利于小直径秸秆挤压，对秸秆划切效果不明显，综上所述，初始间隙选择为 5 毫米辊齿为宜。

在 CAE 中插入 Fatigue Tool 计算三种碾压揭皮辊疲劳寿命，设置循环类型 Fully Resvered，使用 Goodman 名义应力理论，如图 5-7 所示。

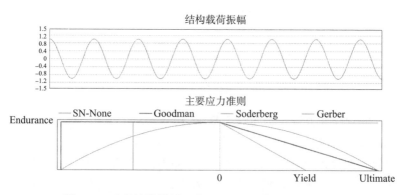

图 5-7　疲劳计算循环 Fully Resvered 及 Goodman 理论

计算结果发现，3 种碾压揭皮辊疲劳寿命 1×10^6 次，低于弹性极限高周疲劳，计算结果结构稳定不会发生疲劳损伤。

Chapter 6
第六章
玉米秸秆皮穰分离试验

　　玉米秸秆皮穰分离机是实现玉米副产物高值化利用的有效途径。玉米秸秆皮穰分离机中的皮穰分离机构是其核心装置，直接决定着皮穰分离机的使用效果。

　　目前，国内学者研究的玉米秸秆皮穰分离机主要有两种：①将不做预处理的秸秆直接喂入粉碎装置后分离。华新生等研制的秸秆皮穰分离装置，其输送机构直接安装在收获机上，将收获的秸秆直接粉碎为细条状的秸秆外皮和不规则块状穰并分别排出。由于秸秆皮穰强度特性的差异，形成粉碎后的秸秆碎料状态为外皮长短不一、粗细不等、穰大小不均，难以将皮穰有效分离并分选和收集。②玉米单株整秆皮穰分离机构，采用定量分道式喂入方式：秸秆喂入定位、内部剖开、展平、切削、刮穰完成分离。孙竹莹研制的玉米秸皮穰分离机，送料装置中安装楔形刀轮，工作时插入秸秆内保证送料的稳定；战晓林研制的玉米秸秆去叶除芯自动机，将单根秸秆自动上料，经由强制输送、划开、展平、刮穰以及秆皮输出，实现分类收集；王德福等研制的玉米秸秆皮穰分离机定向输送喂料装置，秸秆由喂入台输入，经输送辊进行分流处理，通过输出口进入皮穰分离机，再经由夹持定位辊的夹持作用将秸秆带入分离机内，这种机构喂入技术基本成熟，但因我国秸秆产量大，该分离方法效率不能满足生产需求，未能在市场上大量应用。

上一章介绍了 3 种秸秆碾压揭皮辊结构设计，本章利用玉米秸秆皮穰分离机进行设备改进，搭建秸秆皮穰分离试验装置进行研究，通过秸秆含水率、碾压揭皮辊转速、切段长度对比 3 种秸秆碾压揭皮辊优缺点。

第一节　玉米秸秆皮穰分离试验台与方法

一、材料

试验材料采集于沈阳农业大学试验田，通过对秸秆物料属性研究及预试验皮穰分离率，选取 10%～30% 含水率秸秆。如图 6-1 所示，选取秸秆定义弯曲曲率不同畸变度不同，大畸变度秸秆轴向变形大于 180°，通秆弯曲小于 180° 为小畸变度秸秆。试验样品选取直径 20～35 毫米，长度 1.7～2.0 米，无破损弯折、无病虫害、生长良好。样品通直度曲率不做要求，通常秸秆生长个体差异性较大，试验随机选取。

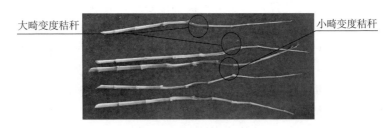

图 6-1　玉米秸秆试验样品

二、试验仪器

玉米秸秆皮穰分离试验机，试验机模拟玉米秸秆皮穰分离过程喂入碾压切断阶段试验制造。由于试验台在室内安装，装置未与分选装置连接进行进一步分选。

试验台传动系统有两部分：异步电机（1.5 千瓦三相 4 级，1 440 转/分）与塔轮（三速）组成动力输出系统和齿轮传动与变速条件装置（两级变速）组成的动力转速控制系统。

如图 6-2 所示，切割装置由动刀和定刀组成，动力系统提供动力，动刀主轴安装 3 片切刀，旋转对秸秆切割作业。抛送装置为抛送物料板，由动刀对秸秆切割提供的惯性和物料板抛物线送出切割完成的皮和瓤。

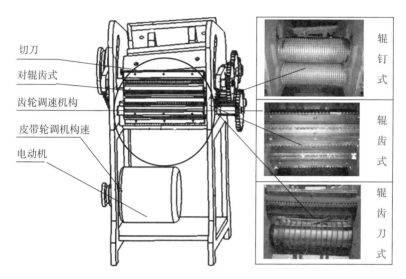

图 6-2 玉米秸秆皮瓤分离机

第二节 评价指标

玉米秸秆皮瓤分离机目的是将秸秆皮瓤均匀完整的分离成秸秆皮和瓤段，分离率和物料均匀度是两个重要的评判指标，分离率直接影响秸秆后续的使用和进一步的分离，物料均匀度则是对产品优质化的重要考核标准。所以，在对 3 种碾压揭皮辊为主效应的试验中，选取物料均匀度和分离率这两个作为指标，选取秸秆含水率、碾压揭皮辊转速、碾压揭皮辊间弹簧预紧力、辊齿间隙、碾压揭皮辊转速和切段长度等因素进行旋转正交试验。

一、分离率

玉米秸秆皮穰分离率指玉米秸秆分离后所获得的皮穰分离质量占总质量的百分比（不计茎秆直径小于 10 毫米部分），其中皮穰分离不完全的，如粘连、丝连等不计入分离质量中。计算公式为：

$$Y_1 = \frac{m_2}{m_x} \times 100\%$$

式中 Y_1——分离率；

　　　m_2——分离的皮穰质量；

　　　m_x——试验玉米秸秆的总质量。

二、物料均匀度

玉米秸秆皮穰物料均匀度作为分离装置试验的一个评价指标，即切段后长度一样的秸秆皮穰质量占总切段秸秆皮穰质量的百分比（不计茎秆直径小于 10 毫米部分），其中皮穰分离不完全的，按不均匀计算，其物料均匀度计算公式为：

$$Y_2 = \frac{m_3}{m_x} \times 100\%$$

式中 Y_2——物料均匀度；

　　　m_3——切段后长度一样的秸秆皮穰质量；

　　　m_x——总切段的秸秆皮穰质量。

第三节　碾压揭皮辊分离机单因素试验研究

一、试验设计

对辊钉式、辊齿式、辊齿刀耦合式碾压揭皮辊这 3 种辊进行预试验，验证机构工作稳定性和可行性。以分离率为指标，以秸秆含水率为试验因素进行试验。碾压揭皮辊辊齿间隙取 6 毫米，碾压揭皮辊转速取 374 转/分，喂入方式为单根进给。对每个碾压揭皮辊进行重复试验,每个碾压揭皮辊重复 5 次试验,因素参数及安排见表 6-1。

表 6-1 单因素试验参数条件

单因素试验	碾压揭皮辊类型	辊齿间隙(毫米)	碾压辊转速(转/分)	单次喂入根数
1	辊钉式	6	374	1
2	辊齿式	6	374	1
3	辊齿刀耦合式	6	374	1

二、试验结果与分析

试验结果见表 6-2,表格中可以看出,3 种不同碾压揭皮辊在预试验皮穰分离率有明显差异,辊齿式碾压揭皮辊分离率平均值为 85.44%,辊齿刀耦合式碾压揭皮辊分离率平均值为 86.04%,辊钉式碾压揭皮辊分离率平均值为 59.22%。研究发现,每组预试验 5 根秸秆中,辊齿式与辊齿刀耦合式分离率基本一致,而辊钉式除第一根分离率与辊齿式和辊齿刀耦合式相近,第二根开始分离率有明显差异。

表 6-2 单因素试验结果

碾压揭皮辊类型	分离率(%)					平均值(%)
	1	2	3	4	5	
辊钉式	80.7	64.8	55.2	49.6	45.8	59.22
辊齿式	85.6	84.7	86.1	85.2	85.6	85.44
辊齿刀耦合式	86.3	85.4	85.9	86.5	86.1	86.04

通过碾压揭皮辊实际过程可以看出,辊钉式碾压揭皮辊虽满足设计要求,可以对秸秆进行划切作用,但由于划切齿分布较密,易将秸秆皮及未完全剥离干净的叶黏附在碾压揭皮辊上(图 6-3),致使后续喂入的秸秆进行划切作业不完全,从而降低秸秆皮穰分离效率。

秸秆皮与叶缠绕

图 6-3　辊钉式碾压揭皮辊试验结果

相比辊钉式碾压揭皮辊，辊齿式和辊齿刀耦合式碾压揭皮辊未出现上述问题，工作稳定持续。故通过预试验排除辊钉式碾压揭皮辊，对辊齿式和辊齿刀耦合式碾压揭皮辊做进一步试验研究。

建立辊钉式、辊齿式和辊齿刀耦合式碾压辊揭皮分离率单因素试验，从分析中可以看出，辊齿式和辊齿刀耦合式碾压揭皮辊分离率分布 84%～87%，辊钉式分离率低于辊齿式和辊齿刀耦合式平均值为 59.22%，不同碾压辊分离率试验结果表明：辊钉式不能满足实际工作需求，辊齿式和辊齿刀耦合式碾压揭皮辊可以较好地分离秸秆皮穰，故通过单因素试验排除辊钉式碾压揭皮辊试验方案。

第四节　辊齿式碾压揭皮辊分离机试验研究

一、试验设计

通过单因素预试验可知，辊齿式碾压揭皮辊中辊齿间隙、含水率、碾压揭皮辊转速等因素对秸秆的皮穰分离有影响，选取辊齿间隙、含水率、碾压揭皮辊转速为试验因素。

1. 辊齿间隙　由辊齿式碾压揭皮辊设计中可知，碾压揭皮辊与滑切齿设计为分离装配式，装配式即可以方便调节对齿时间的间隙，也便于更换摩擦磨损后部件，由玉米秸秆物料属性可知顶部秸秆直径 10 毫米左右，应将初始间隙设置在 10 毫米以下，间隙越小，摩擦磨损越严重，零件疲劳寿命越短，所以辊齿间隙比较合理间隙可设置为 4.3 毫米、5.1 毫米、6.1 毫米、7.0 毫米和 7.7 毫米，作为试验因素进行试验。

2. 含水率　根据物料分析结果，玉米秸秆含水率为 10%～80%，成熟玉米秸秆含水率与位置无明显关系。每根生长略有差异，基本生长规律存在，含水率由下至上逐渐降低，每根秸秆节间含水率差异可忽略不计。通常玉米成熟采摘期到秸秆收割期有 1 个月时间，运输到加工中心半个月或更长时间，所以选取秸秆自然风干两个月至更长为最佳，符合实际生产需求，选取含水率 10.8%～29.2%秸秆为试验研究对象。截取试验的秸秆末端节间利用烘干机测定含水率，含水率控制在 10.8%～29.2%。

3. 碾压揭皮辊转速　碾压滑切过程是秸秆碾压喂入后切割分离的重要工序，由三相异步电机与塔轮组成动力输出系统和齿轮传动与变速条件装置组成的动力转速控制系统提供动力。动刀主轴安装三片切刀，旋转对秸秆切割作业。三层塔轮与两挡速调节可以组成 6 速变速切割，切刀与碾压揭皮辊的齿轮使用相同齿轮总成。通过物料切割试验可知，切割速度必须大于物料的临界切割速度，在合理范围内选取较高的切割速度，将会减小切割阻力，降低切割能耗。

$$V = \frac{\pi D n}{60}$$

$$n = \frac{60V}{\pi D}$$

式中　V——切刀线速度；

D——刀架回转直径；

n——碾压揭皮辊转速。

碾压揭皮辊转速的范围为 241～507 转/分。根据转速调节选取 241 转/分、295 转/分、374 转/分、453 转/分和 507 转/分为试验因素。玉米秸秆皮穰分离机的试验三元二次编码表如表 6-3 所示。

表 6-3　皮穰分离装置试验因素水平编码表

编码值	辊齿间隙（毫米）	含水率（%）	碾压揭皮辊转速（转/分）
−1.682	4.3	10.8	241
−1	5.1	15.5	295
0	6.0	20.0	374
1	7.1	25.5	453
1.682	7.7	29.2	507

二、试验结果与分析

1. 分离率结果　以辊齿间隙、含水率和碾压揭皮辊转速为试验因素，分离率与物料均匀度为其评价指标，进行二次回归正交旋转组合设计试验。应用 Design-Expert 软件对目标函数分析与优化，采用自定义的响应面分析方法，建立试验因素与评价指标之间的数学模型，并依此得出皮穰分离装置的最佳参数组合。试验结果如表 6-4 所示。

表 6-4　玉米秸秆皮穰分离装置试验结果

编号	辊齿间隙 A	含水率 B	碾压揭皮辊转速 C	分离率（%）	均匀度（%）
1	−1.682	0	0	61.32	48.85
2	−1	−1	−1	77.35	47.68
3	1	−1	−1	90.47	65.89
4	0	0	0	80.48	85.66
5	0	−1.682	0	87.56	66.18
6	−1	1	1	46.78	64.03
7	0	0	0	83.64	84.24
8	0	0	1.682	53.12	73.70
9	0	0	0	84.43	88.17
10	1	−1	1	73.03	54.21
11	0	1.682	0	80.63	64.08

（续）

编号	辊齿间隙 A	含水率 B	碾压揭皮辊转速 C	分离率（%）	均匀度（%）
12	1	1	−1	86.88	47.71
13	1	1	1	62.31	49.79
14	1.682	0	0	85.28	45.31
15	0	0	−1.682	76.42	62.96
16	0	0	0	82.16	89.37
17	0	0	0	78.54	86.58
18	−1	1	−1	69.24	46.01
19	0	0	0	84.68	85.12
20	−1	−1	1	69.50	67.79

通过试验及对试验数据多元回归拟合，得到各因素对分离率 Y_1 的回归方程：

$$Y_1 = 82.6 + 4.1A - 6.5B - 8.2C + 1.9AB - 1.8AC - 2.5BC - 0.3A^2 + 3.8B^2 - 6.5C^2$$

应用 Design-Expert 软件分析试验数据，回归方程的方差分析如表 6-5 所示。从方差分析结果看，模型 $P < 0.0001$，说明模型处于极显著水平；模型的决定系数 $R - 0.9548$，说明模型拟合程度良好，试验误差小；失拟性不显著（$P = 0.2154 > 0.05$），说明回归模型和实际情况拟合性良好，因此模型可以用于确定各参数对分离率工作效果的评价。模型的各项中，辊齿间隙（A）、含水率（B）、碾压揭皮辊转速（C）、含水率与碾压揭皮辊转速交互项（BC）、含水率二次方项（B^2）、碾压揭皮辊转速二次方项（C^2）均显著，其他项均不显著，说明辊齿间隙、含水率和碾压揭皮辊转速对秸秆皮穰分离率均有影响，且含水率和碾压揭皮辊转速对其影响最大，齿间隙次之。

表 6-5　秸秆分离率模型的方差分析

多项式	平方和	方差	F 值	P 值
A	568.53	568.53	61.96	<0.000 1
B	219.85	219.85	23.96	0.000 6
C	878.06	878.06	95.69	<0.000 1
AB	26.35	26.35	2.87	0.121
AC	23.46	23.46	2.56	0.140 9
BC	48.71	48.71	5.31	0.044
A^2	174.16	174.16	18.98	0.001 4
B^2	1.67	1.67	0.18	0.678 8
C^2	607.40	607.40	66.2	<0.000 1
回归	8.76	9.18	—	—
失拟	62.29	12.46	2.11	0.215 4
误差	29.46	5.89	—	—
总和	2 603.42	—	—	—

2. 物料均匀度结果　通过试验及对试验数据多元回归拟合，得到各因素对分离率 Y_2 的回归方程：

$$Y_2 = 86.9 - 1.1A - 6.5B - 8.2C + 1.9AB - 1.8AC -$$
$$2.5BC - 4.3A^2 + 14.7B^2 - 7.2C^2$$

应用 Design-Expert 软件分析试验数据，回归方程的方差分析如表 6-6 所示。从方差分析结果看，模型 $P<0.000$ 1，说明模型处于极显著水平；模型的决定系数 $R=0.975$ 5，说明模型拟合程度良好，试验误差小；失拟性不显著（$P=0.114$ 2>0.05），说明回归模型和实际情况拟合性良好，因此模型可以用于确定各参数对物料均匀度工作效果的评价。模型的各项中，辊齿间隙（A）、含水率（B）、碾压揭皮辊转速（C）、含水率与碾压揭皮辊转速交互项（BC）、含水率二次方项（B^2）、碾压揭皮辊转速二次方项（C^2）均显著，其他项均不显著，说明辊齿间隙、含水率和碾压揭皮辊转速对秸秆皮穰分离率均有影响，与分离率结果相似，秸秆含水率和碾压揭皮辊转速对其影响最大，齿间隙次之。

表 6 - 6　秸秆物料均匀度模型的方差分析

多项式项	平方和	方差	F 值	P 值
A	14.07	14.07	1.17	0.304 6
B	72.94	72.94	6.07	0.033 5
C	158.96	158.96	13.23	0.004 6
AB	36.85	36.85	3.07	0.110 5
AC	284.77	284.77	23.7	0.000 7
BC	17.02	17.02	1.42	0.261 5
A^2	3 128.03	3 128.03	260.29	<0.000 1
B^2	1 005.06	1 005.06	83.63	<0.000 1
C^2	751.19	751.19	62.51	<0.000 1
回归	118.75	12.02	—	—
失拟	90.09	18.30	3.19	0.114 2
误差	28.67	5.73	—	—
总和	4 924.40	—	—	—

3. 辊齿间隙对分离率和物料均匀度的影响　通过建立的二次回归模型中含水率和碾压揭皮辊转速因素固定在零水平，可以得到辊齿间隙对装置的分离率和物料均匀度影响模型如下所示。

分离率为：

$$Y_1 = 82.6 + 4.1A - 0.3A^2$$

物料均匀度为：

$$Y_2 = 86.9 - 1.1A - 4.3A^2$$

从齿间隙的影响曲线（图 6 - 4）可以看出，在含水率和碾压揭皮辊转速因素固定在零水平时，辊齿间隙对分离率和物料均匀度影响曲线均为非线性下降。随着齿间隙的增大，秸秆皮穰分离率由 80% 下降到 75%。由图 6 - 4 (a) 分析可知，初始齿间隙越小，秸秆与辊齿的啮合力越大，挤压力越大，划切作用越充分，特别对于直径较小的顶部秸秆，作用效果明显。从物料结果也可以看出，分离率高的几个百分点也多由半径较小分离效果好而产生，粗直径秸秆的分离率在不同齿间隙下表现基本一致；秸秆随着齿间隙增大物料均匀度由 80% 下降到 70%，且在 7 毫米处达到稳定状态。由图 6-4（b）分析可知，与分离率表现类似，秸秆初始挤压力越大，后期切刀越容易使秸秆切割分离，物料均匀度越好。

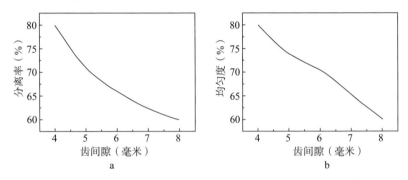

图 6-4　辊齿间隙对分离率与物料均匀度的影响曲线
a. 齿间隙对分离率的影响曲线　b. 齿间隙对物料均匀度的影响曲线

4. 含水率对分离率和物料均匀度的影响　将二次回归模型中齿间隙和碾压揭皮辊转速因素固定在零水平，可以得到含水率对装置的分离率和物料均匀度的影响模型如下所示。

分离率：

$$Y_3 = 82.6 - 6.5B + 3.8B^2$$

物料均匀度：

$$Y_4 = 86.9 - 6.5B + 14.7B^2$$

从含水率的影响曲线（图 6-5）可以看出，在齿间隙和碾压揭皮辊转速因素固定在零水平时，辊齿间隙对分离率和物料均匀度影响曲线均为类抛物线，总体分布含水率在 12% 左右，秸秆的皮穰分离效果和物料均匀度最好。随着含水率的增加，分离率呈现下降趋势，在含水率达到 30% 时，分离率 65% 左右。由图 6-5（a）分析可知，含水率对分离效果有明显作用，含水率越高，皮穰黏结力在受到挤压划切作用后越不易被破坏，致使分离效果不好。同样与分离率类似，物料均匀度也在含水率为 12% 左右达到最大，随

着含水率的增大，物料均匀度由 80% 下降到 60%。由图 6 - 5 （b）
分析可知，物料均匀度同样受含水率的影响，含水率越低，切割所
需要剪切力越小，秸秆越均匀。

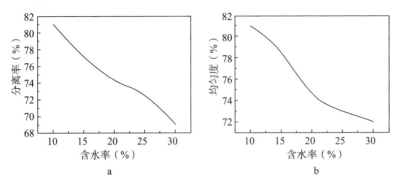

图 6 - 5　含水率对分离率与物料均匀度的影响曲线

a. 含水率对分离率的影响曲线　b. 含水率对物料均匀度的影响曲线

5. 碾压揭皮辊转速对分离率和物料均匀度的影响　将二次回
归模型中齿间隙和含水率因素固定在零水平，可以得到碾压揭皮辊
转速对装置的分离率和物料均匀度的影响模型如下所示。

分离率：

$$Y_1 = 82.6 - 8.2C - 6.5C^2$$

物料均匀度：

$$Y_2 = 86.9 - 8.2C - 7.2C^2$$

从碾压揭皮辊转速的影响曲线（图 6 - 6）可以看出，在齿间
隙和含水率因素固定在零水平时，碾压揭皮辊转速对分离率和物料
均匀度影响曲线均为抛物线，总体分布碾压揭皮辊转速在 300 转/
分左右，秸秆的皮穰分离效果和物料均匀度最好。随着碾压揭皮辊
转速的增加或减小，分离率呈现下降趋势，在含水率达到 250 转/
分和 500 转/分时，分离率 60% 左右，由图 6 - 6（a）分析可知，
碾压揭皮辊转速对分离效果有明显作用，转速过快和过慢均会影响
机器的整体工作稳定性，保持平稳运行对喂入的秸秆有较好的缓冲
挤压作用，故分离效果好。由图 6 - 6（b）分析可知，物料均匀度

同样受碾压揭皮辊转速的影响，碾压揭皮辊转速过高或过低，切割不平稳，秸秆喂入挤压不充分或停留挤压时间过长会导致不均匀。

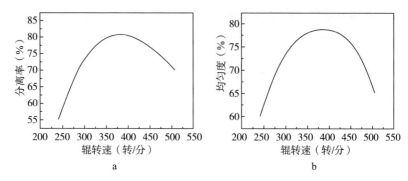

图 6-6　揭皮辊转速对分离率与物料均匀度的影响曲线

a. 因素对分离率的影响曲线　b. 因素对物料均匀度的影响曲线

6. 含水率和碾压揭皮辊转速对分离率的影响　如图 6-7 所示，在前面建立二阶多项式模型的基础上，以秸秆皮穰分离率为优化目标，应用 Design-Expert 软件对目标函数优化。

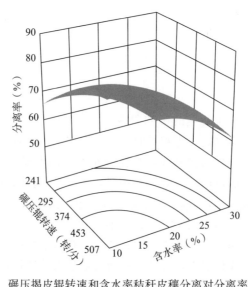

图 6-7　碾压揭皮辊转速和含水率秸秆皮穰分离对分离率影响曲线

喂入装置碾压揭皮辊转速与秸秆含水率交互作用对秸秆皮穰分离率有显著影响，由图 6 - 7 可知，含水率在 12% 左右为最佳，碾压揭皮辊转速在 300 转/分为最佳，响应面曲线结果与之前单因素试验数据吻合，可以得出结论，辊齿式碾压揭皮辊在秸秆含水率 10%、碾压揭皮辊转速为 295 转/分时，秸秆的分离率达到 85%。

7. 含水率和碾压揭皮辊转速对物料均匀度的影响　如图 6 - 8 所示，在建立二阶多项式模型的基础上，以物料均匀度为优化目标，应用 Design-Expert 软件对目标函数优化，喂入装置碾压揭皮辊转速与秸秆含水率交互作用对秸秆皮穰分离率有显著影响。由图 6 - 8 可知，含水率在 10% 左右为最佳，碾压揭皮辊转速对物料均匀度交互影响不显著，响应面曲线结果与之前单因素试验数据吻合，可以得出结论，辊齿式碾压揭皮辊在秸秆含水率 10%、碾压揭皮辊转速为 295 转/分时，秸秆的物料均匀度达到 80%。

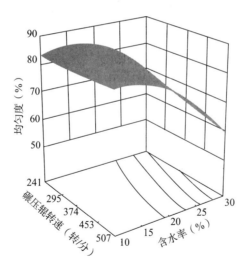

图 6 - 8　碾压揭皮辊转速和含水率秸秆皮穰分离对物料均匀度影响曲线

在试验研究中建立皮穰分离率和物料均匀度的二次回归正交旋转模型，从模型方差分析可以看出，辊齿间隙、含水率、碾压揭皮辊转速及含水率与碾压揭皮辊转速交互对秸秆皮穰分离率均有影响，且含水率和碾压揭皮辊转速对其影响显著，其次是齿间隙，齿间隙越小分离率越高，含水率越小分离率越高，含水率和碾压揭皮辊转速交互与分离率成正态分布；物料均匀度与分离率结果相似，秸秆含水率和碾压揭皮辊转速对其影响最大，其次是齿间隙。从辊齿间隙、含水率和辊转速对分离率和物料均匀度的影响试验结果可知：辊齿间隙在考虑功耗的情况下越小越好，齿间隙 5 毫米、含水率 10%、碾压揭皮辊转速 295 转/分，分离率可达到 85%。秸秆皮瓤分离效果如图 6-9 所示。

图 6-9　秸秆碾压揭皮物料后皮瓤分离形态

第五节　辊齿刀耦合式碾压揭皮辊分离机试验研究

一、试验设计

通过预试验可知，辊齿式碾压揭皮辊中辊齿间隙、含水率、碾压揭皮辊转速等因素对秸秆的皮瓤分离有影响，参照辊齿式对比选取辊齿间隙、含水率、碾压揭皮辊转速为试验因素，试验选取对象的设置与辊齿式相同，即辊齿间隙设置为 4.3 毫米、5.1 毫米、6.0 毫米、7.1 毫米和 7.7 毫米，含水率控制在 10.8%～29.2%，碾压揭皮辊转速调节选取 241 转/分、295 转/分、374 转/分、453

转/分和 507 转/分。玉米秸秆皮穰分离机的试验三元二次编码表如表 6-7 所示。

表 6-7　皮穰分离装置试验因素水平编码表

编码值	辊齿间隙（毫米）	含水率（%）	碾压揭皮辊转速（转/分）
−1.682	4.3	10.8	241
−1	5.1	15.0	295
0	6.0	20.0	374
1	7.1	25.0	453
1.682	7.7	29.2	507

二、试验结果与分析

1. 分离率结果　以辊齿间隙、含水率和碾压揭皮辊转速为试验因素，分离率与物料均匀度为其评价指标，进行二次回归正交旋转组合设计试验。应用 Design-Expert 软件对目标函数优化与分析，采用自定义的响应面分析方法，建立试验因素与评价指标之间的数学模型，并依此得出皮穰分离装置的最佳参数组合。试验结果如表 6-8 所示。

表 6-8　玉米秸秆皮穰分离装置试验结果

编号	辊齿间隙 D	含水率 E	碾压揭皮辊转速 F	分离率（%）	均匀度（%）
1	0	0	1.682	53.12	48.85
2	−1.682	0	0	61.32	47.68
3	1.682	0	0	85.28	85.89
4	0	0	−1.682	76.42	77.66
5	−1	1	−1	69.24	66.13
6	0	0	0	84.68	84.03
7	−1	−1	1	69.50	64.56
8	0	0	0	78.54	73.75
9	0	0	0	82.16	88.17

编号	辊齿间隙 D	含水率 E	碾压揭皮辊转速 F	分离率（%）	均匀度（%）
10	1	1	1	62.31	64.28
11	1	1	−1	86.88	84.45
12	0	1.682	0	80.63	87.87
13	1	−1	1	73.03	79.43
14	0	0	0	84.43	85.31
15	0	0	0	83.64	82.76
16	0	−1.682	0	87.56	89.89
17	−1	1	1	46.78	56.58
18	1	−1	−1	90.47	86.01
19	0	0	0	80.48	85.12
20	−1	−1	−1	77.35	77.79

通过试验及对试验数据多元回归拟合，得到各因素对分离率 Y_3 的回归方程：

$$Y_3 = 82.4 + 6.6D - 4.2E - 8.2F + 2.1DE - 1.5DF - 2.7EF - 0.3D^2 + 3.5E^2 - 6.5F^2$$

应用 Design—Expert 软件分析试验数据，回归方程的方差分析表如表 6-9 所示，模型 $P<0.000\,1$，说明模型处于极显著水平；模型的决定系数 $R=0.954\,6$，说明模型拟合程度良好，试验误差小；失拟性不显著（$P=0.163\,2>0.05$），说明回归模型和实际情况拟合性良好，因此模型可以用于确定各参数对分离率工作效果的评价。模型的各项中，辊齿间隙（D）、含水率（E）、碾压揭皮辊转速（F）、含水率与碾压揭皮辊转速交互项（EF）、含水率二次方项（E^2）、碾压揭皮辊转速二次方项（F^2）均显著，其他项均不显著，说明辊齿间隙、含水率和碾压揭皮辊转速对秸秆皮穰分离率均有影响，且含水率和碾压揭皮辊转速对其影响最大，齿间隙次之。

表6-9 秸秆分离率模型的方差分析

多项式	平方和	方差	F 值	P 值
C	594.64	594.64	56.77	＜0.000 1
E	236.18	236.18	22.55	0.000 8
F	910.41	910.41	86.92	＜0.000 1
DE	34.11	34.11	3.26	0.101 3
DF	17.11	17.11	1.63	0.230 1
EF	59.08	59.08	5.64	0.038 9
D^2	179.50	179.50	17.14	0.002 0
E^2	1.19	1.19	0.11	0.743 3
F^2	617.32	617.32	58.94	＜ 0.000 1
回归	8.76	10.47	—	—
失拟	62.29	15.06	2.55	0.163 2
误差	29.46	5.89	—	—
总和	2 603.42	—	—	—

2. 物料均匀度结果 通过试验及对试验数据多元回归拟合，得到各因素对分离率 Y_4 的回归方程：

$$Y_4 = 83.2 + 8.3D - 2.9E - 7.2F + 0.4DE - 0.5DF - 1.2EF - 2.0D^2 + 5.8E^2 - 7.0F^2$$

应用 Design-Expert 软件分析试验数据，回归方程的方差分析表如表 6-10 所示，模型 $P<0.000$ 1，说明模型处于极显著水平；模型的决定系数 $R=0.941$ 1，说明模型拟合程度良好，试验误差小；失拟性不显著（$P=0.307$ 52＞0.05），说明回归模型和实际情况拟合性良好，因此模型可以用于确定各参数对物料均匀度工作效果的评价。模型的各项中，辊齿间隙（D）、含水率（E）、碾压揭皮辊转速（F）、含水率与碾压揭皮辊转速交互项（DE）、含水率二次方项（E^2）、碾压揭皮辊转速二次方项（F^2）均显著，其他项均不显著，说明辊齿间隙、含水率和碾压揭皮辊转速对秸秆皮穰分离率均有影响，与分离率结果相似，秸秆含水率和碾压揭皮辊转速

对其影响最大，齿间隙次之。

表 6-10　秸秆物料均匀度模型的方差分析

多项式项	平方和	方差	F 值	P 值
D	941.18	941.18	10.44	0.000 5
E	115.67	115.67	29.34	0.000 3
F	703.00	703.00	3.61	0.086 8
DE	1.07	1.07	21.91	0.000 9
DF	1.97	1.97	0.033	0.858 5
EF	12.28	12.28	0.061	0.809 3
D^2	483.07	483.07	0.38	0.550 0
E^2	58.90	58.90	15.06	0.003 1
F^2	713.77	713.77	1.84	0.205 2
回归	320.81	32.08	—	—
失拟	197.78	39.56	1.61	0.307 5
误差	123.02	24.60	—	—
总和	3 335.38	—	—	—

3. 辊齿间隙对分离率和物料均匀度的影响　将二次回归模型中含水率和碾压揭皮辊转速因素固定在零水平，可以得到辊齿间隙对装置的分离率和物料均匀度影响模型如下所示。

分离率为：

$$Y_1 = 82.4 + 6.6D - 0.3D^2$$

物料均匀度为：

$$Y_2 = 83.2 + 8.3D - 2.0D^2$$

从齿间隙的影响曲线（图 6-10）可以看出，在含水率和碾压揭皮辊转速因素固定在零水平时，辊齿间隙对分离率和物料均匀度影响曲线均为非线性下降。相比于辊齿式碾压揭皮辊，辊齿刀耦合齿碾压揭皮辊随着齿间隙的增大，秸秆皮穣分离率由 80% 下降到

70％。由图 6-10（a）分析可知，由于辊齿刀耦合齿两侧划切作用机理不同，一侧插入划开，一侧直接切开，摩擦力相对辊齿式碾压揭皮辊小，初始齿间隙越小，秸秆与辊齿的啮合力越大，挤压力越大，滑切作用越充分，从物料结果也可以看出，分离率高的几个百分点也多由半径较小分离效果好而产生，粗直径秸秆的分离率在不同齿间隙下表现基本一致；秸秆随着齿间隙增大物料均匀度由80％下降到65％，且在 7 毫米处达到稳定状态。由图 6-10（b）分析可知，与分离率表现类似，秸秆初始挤压力越大，同样因为单侧插入作业，间隙越小物料均匀度就越高。

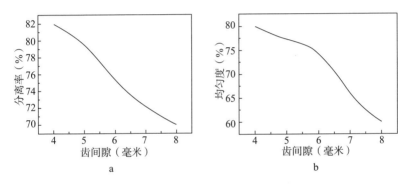

图 6-10　辊齿间隙对分离率与物料均匀度的影响曲线

a. 齿间隙对分离率的影响曲线　b. 齿间隙对物料均匀度的影响曲线

4. 含水率对分离率和物料均匀度的影响　将二次回归模型中齿间隙和碾压揭皮辊转速因素固定在零水平，可以得到含水率对装置的分离率和物料均匀度影响模型如下所示。

分离率：

$$Y_3 = 82.4 - 4.2E + 3.5E^2$$

物料均匀度：

$$Y_4 = 83.2 - 2.9E + 5.8E^2$$

含水率的影响曲线（图 6-11）可以看出，在齿间隙和碾压揭皮辊转速因素固定在零水平时，辊齿间隙对分离率和物料均匀度影响曲线均为类抛物线，总体分布含水率在 10％～20％，分离率都能达到80％以上，由于辊齿刀耦合齿两侧划切作用机理不同，一侧插入划开，一侧直接切开，皮穰黏结力因切开而断裂，分离效果更好。但随着含水率的增加到20％以上，分离率呈现下降趋势，在含水率达到30％时，分离率70％左右。由图6-11（a）分析可知，含水率对分离效果有明显作用，含水率越高，皮穰黏结力在受到挤压滑切作用后越不易被破坏，致使分离效果不好。辊齿刀耦合式碾压揭皮辊挤压滑切作用物料均匀度也在含水率10％～20％，分离率都能达到80％以上，随着含水率的增加到20％以上，分离率呈现下降趋势，在含水率达到30％时，分离率下降到70％。由图6-11（b）分析可知，物料均匀度同样受含水率的影响，含水率越低，切割所需要剪切力越小，秸秆越均匀。

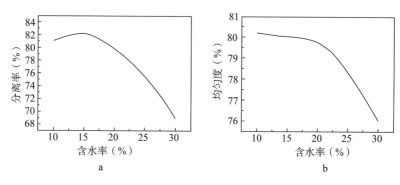

图 6-11 含水率对分离率与物料均匀度的影响曲线

a. 含水率对分离率的影响曲线 b. 含水率对物料均匀度的影响曲线

5. 碾压揭皮辊转速对分离率和物料均匀度的影响 将二次回归模型中齿间隙和含水率因素固定在零水平，可以得到碾压揭皮辊转速对装置的分离率和物料均匀度影响模型如下所示。

分离率：

$$Y_3 = 82.4 - 8.2F - 6.5F^2$$

物料均匀度：

$$Y_4 = 83.2 - 7.2F - 7.0F^2$$

如图6-12所示，辊齿刀耦合齿碾压揭皮辊转速的影响曲线和辊齿式分布基本相同，过慢或过快都会影响分离率和物料均匀度，碾压揭皮辊转速的影响曲线可以看出，在齿间隙和含水率因素固定在零水平时，碾压揭皮辊转速对分离率和物料均匀度影响曲线均为抛物线，总体分布碾压揭皮辊转速在 350 转/分左右秸秆的皮穰分离效果和物料均匀度最好。随着碾压揭皮辊转速的增加或减小，分离率呈现下降趋势，在含水率达到 240 转/分和 510 转/分时，分离率为 60%左右。由图 6 - 12（a）分析可知，碾压揭皮辊转速对分离效果有明显作用，转速过快和过慢影响机器的整体工作稳定性，保持平稳运行对喂入的秸秆有较好的缓冲挤压作用，故分离效果好。由图 6 - 12（b）分析可知，物料均匀度同样受碾压揭皮辊转速的影响，碾压揭皮辊转速过高或过低，切割不平稳，秸秆喂入挤压不充分或停留挤压时间过长会导致不均匀。

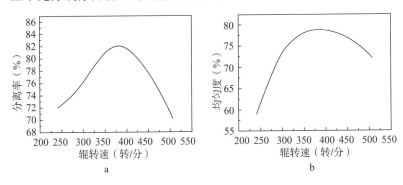

图 6 - 12　碾压揭皮辊转速对分离率与物料均匀度的影响曲线
a. 辊转速对分离率的影响曲线　b. 辊转速对物料均匀度的影响曲线

6. 含水率和碾压揭皮辊转速对分离率的影响　如图 6 - 13 所示，在建立二阶多项式模型的基础上，以秸秆皮穰分离率为优化目标，应用 Design-Expert 软件对目标函数优化。

喂入装置碾压揭皮辊转速与秸秆含水率交互作用对秸秆皮穰分离率有显著影响。由图 6 - 13 可知，含水率在 10%~20%时均保持最佳，碾压揭皮辊转速在 350 转/分为最佳，响应面曲线结果与之前单因素试验数据吻合，可以得出结论，辊齿式碾压揭皮辊在秸

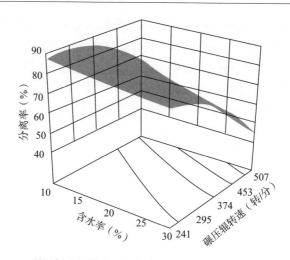

图 6-13　碾压揭皮辊转速和含水率秸秆皮穰分离对分离率影响曲线

秆含水率 20%、碾压揭皮辊转速为 374 转/分时秸秆的分离率达到 85%。

7. 含水率和碾压揭皮辊转速对物料均匀度的影响　如图 6-14 所示，在建立二阶多项式模型的基础上，以物料均匀度为优化目标，应用 Design-Expert 软件对目标函数优化，喂入装置碾压揭皮

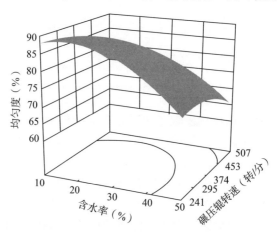

图 6-14　碾压揭皮辊转速和含水率秸秆皮穰分离对物料均匀度影响曲线

辊转速与秸秆含水率交互作用对秸秆皮穰分离率有显著影响。由图6-14可知，含水率在 10%～20% 时均保持最佳，碾压揭皮辊转速在 350 转/分为最佳，响应面曲线结果与之前单因素试验数据吻合，可以得出结论，辊齿式碾压揭皮辊在秸秆含水率 20%、碾压揭皮辊转速为 374 转/分时秸秆的分离率达到 85%。

　　在试验研究中建立皮穰分离率和物料均匀度的二次回归正交旋转模型，从模型方差分析可以看出，含水率、碾压揭皮辊转速及含水率与碾压揭皮辊转速交互对秸秆皮穰分离率均有影响，且含水率和碾压揭皮辊转速对其影响显著，含水率越小分离率越高，含水率和碾压揭皮辊转速交互与分离率成正态分布；物料均匀度与分离率结果相似，秸秆含水率和碾压揭皮辊转速对其影响显著。从辊齿间隙、含水率和辊转速对分离率和物料均匀度的影响试验结果可知：辊齿间隙在越小越好考虑功耗的情况下，齿间隙 5 毫米，秸秆含水率 20%、碾压揭皮辊转速为 374 转/分时秸秆的分离率达到 85%。秸秆皮穰分离效果如图 6-15 所示。

a　　　　　　　　　　　　b

图 6-15　秸秆碾压揭皮切段后的形状

a. 分离后的秸秆穰　b. 分离后的秸秆皮

　　我国生态系统脆弱，人均森林蓄积量只有世界平均水平的 1/7，森林资源匮乏问题突出，随着畜牧业的快速发展，饲草、饲料的缺乏问题也逐渐凸显。农作物秸秆作为农业生产的附加产物是一种丰富资源，农作物秸秆资源的可持续循环利用对土壤肥力、水土流失、环境污染等问题都有重要作用。在很多地区对合理利用秸秆资源改善生态环境、促进农业可持续发展已经被提到我国农业发展的紧迫日程当中。针对玉米秸秆物料特性，分析并设计研制了喂入碾压揭皮辊，通过试验和高速摄影技术得到以下结论：

（1）玉米秸秆的含水率、压缩特性及剪切特性试验分析。通过Design-Expert 软件分析，得到以下相关结论：风干时间对秸秆含水率影响显著，随着风干时间变长，含水率降低；节间对秸秆含水率影响较显著，含水率随着节间位置升高而降低；放置时间与含水率呈非线性负相关，含水率由 81.5％下降至 8.5％，下降曲线满足二元非线性函数；含水率、取样部位、含水率与取样部位交互对临界压缩强度影响显著，临界压缩强度随着含水率降低而降低；临界压缩强度随着取样部位升高而降低。载荷在 11.76 兆帕内，不同含水率的秸秆受载荷作用压缩变形为线性，临界压缩强度随含水率降低而非线性递减，压缩强度从 61.45 兆帕减小至 32.51 兆帕；含水率对秸秆压缩皮穰分离率影响显著，秸秆皮穰分离率随着含水率下降而上升，压缩载荷加至 45 兆帕秸秆直径压缩为初始状态的80％，卸载载荷秸秆皮穰发生部分分离，分离率随含水率下降而上升，10％含水率的秸秆皮穰分离率达到 65.2％；含水率与取样部位交互对剪切强度影响显著，随着含水率降低，剪切强度也随之降低，临界剪切强度随着取样部位升高而降低。切割载荷在 10 兆帕内为主压缩，不同含水率的秸秆受载荷作用压缩变形呈线性增长。载荷大于 10 兆帕急速上升，秸秆在 50 兆帕发生断裂和皮穰分离，玉米秸秆含水率高结构强度高，相比于含水率低的秸秆需要更大的切割力分离；含水率低的秸秆在切割过程容易伴随皮穰分离现象，含水率高的秸秆皮穰分离性差。

（2）基于 SIMP 方法的碾压揭皮辊的设计。基于秸秆临界压缩试验结果确定玉米秸秆皮穰分离机喂入装置揭皮辊拓扑材料密度，根据 SIMP 差值模型，带入连续变量及压辊修正惩罚因子，得到辊钉式碾压揭皮辊拓扑模型，将密度介于 0 和 1 之间材料优化，得到碾压揭皮辊具体尺寸。辊钉式碾压揭皮辊上均匀分布 22 个锯齿，揭皮辊定、动碾压揭皮辊结构相同，齿刃相反；基于秸秆压缩皮穰分离试验确定间隔式揭皮辊拓扑材料的布局，带入单一模态特征值灵敏度，插入 SIMP 模型，得到结构灰度为 1 的部分材料弹性模量，将密度介于 0 和 1 之间材料优化，得到辊齿式碾压辊具体尺寸。每个揭皮辊上均匀分布 6 根刀片，齿刃宽度 2 毫米，齿刃间距 3 毫米；根据皮穰剪切试验设计辊齿刀耦合式碾压揭皮辊，碾压揭皮辊上分布 13 组圆锯片间隔 10 毫米，为了保证上、下碾压揭皮辊的齿型刀片能切割到秸秆，上下齿型刀片的初始间隙设为 4～8 毫米，辊齿刀耦合式碾压揭皮辊克服了辊齿式错位滑移问题。

（3）碾压揭皮辊高速摄影分析。利用 Plextor 软件，得到以下结论：摄影机在机构左、右和上侧分别观察秸秆喂入前和碾压后的物料形态，碾压喂入前和碾压后的对比看出秸秆皮穰有些部分分离，有些完全脱离。对划切过程动辊与定辊间距离标记记录，绘制动辊运动特性时间-位移曲线，由秸秆顶部喂入受划切辊碾压得到数据可知，在碾压揭皮辊转速 374 转/分的情况下由顶部到底部喂入秸秆，位移波动伴随秸秆直径增加而线性增大，曲率在 0.5～0.7，碾压伴随振动在直径较大节间有波动，但也在稳定范围内，不会对机构运行稳定性造成破坏。预试验表明机构运行稳定，满足结构设计要求。

（4）碾压揭皮辊有限元仿真分析。通过喂入装置固有频率分析 3 种碾压揭皮辊振动特性，确定装置稳定性得到 3 种压辊共振频率由低到高依次为：辊齿式<辊齿刀耦合式<辊钉式。喂入装置与动力装置一体，动力装置通过皮带轮输出动力，皮带轮连接电动机是一种简谐规律变化的载荷，利用模态叠加法对喂入装置简谐振动进行仿真模拟，3 种碾压揭皮辊受迫振动稳定性由低到高依次为：辊齿式<辊齿刀耦合式<辊钉式。对 3 种碾压揭皮辊做静力分析，计算得到 Von-Mises 应力最大值分别为 26.3 兆帕、31.05 兆帕和 24.85 兆帕，满足材料屈服强度 345 兆帕，高周疲劳不会发生破坏现象。

（5）碾压揭皮辊单因素试验分析。对辊钉式、辊齿式和辊齿刀耦合式碾压揭皮辊进行单因素验证试验，从分析中可以看出，辊齿式和辊齿刀耦合式碾压揭皮辊的分离率分布在 $84\%\sim87\%$，辊钉式分离率低于辊齿式和辊齿刀耦合式分离率平均值，为 59.22%。不同碾压辊分离率试验结果表明：辊钉式不能满足实际工作需求，辊齿式和辊齿刀耦合式碾压揭皮辊可以较好地分离秸秆皮穰，固通过单因素试验排除辊钉式碾压揭皮辊试验方案。

（6）皮穰分离试验分析。以辊齿式和辊齿刀耦合式碾压揭皮辊为研究对象进行辊齿间隙、含水率和碾压揭皮辊转速的三元二次正交旋转组合试验。得出结论：从辊齿式碾压辊试验模型方差分析可以看出，辊齿间隙、含水率、碾压揭皮辊转速及含水率与碾压揭皮辊转速交互对秸秆皮穰分离率和物料均匀度均有影响，且含水率和碾压揭皮辊转速对其影响显著，齿间隙次之，齿间隙越小分离率和物料均匀度越高，含水率越小分离率越高，含水率和碾压揭皮辊转速交互与分离率成正态分布；从辊齿刀耦合式碾压辊试验模型方差分析可以看出，含水率、碾压揭皮辊转速及含水率与碾压揭皮辊转速交互对秸秆皮穰分离率和物料均匀度均有显著影响，且含水率和碾压揭皮辊转速对其影响显著，含水率越小分离率越高，含水率和碾压揭皮辊转速交互与分离率成正态分布。综合考虑各因素的影响，应用 Design-Expert 软件对目标函数优化得到辊齿式碾压揭皮辊辊齿间隙 5 毫米，秸秆含水率 10%、碾压揭皮辊转速 295 转/分，分离率达到 85%。辊齿刀耦合式碾压揭皮辊齿间隙 5 毫米，秸秆含水率 20%、碾压揭皮辊转速为 374 转/分，秸秆的分离率达到 85%。

附录 秸秆饲料化和原料化综合利用国家标准和行业标准

我国共发布秸秆综合利用国家标准和行业标准 134 项，其中国家标准 30 项，农业行业标准 47 项，其他行业标准 57 项，基本覆盖了秸秆综合利用的各个环节，主要涉及通用、收贮运、肥料化、饲料化、燃料化、基料化和原料化等方面。其中通用 2 项，饲料化 18 项，原料化 16 项，具体见下表。

1. 通用

序号	标准编号	标准名称
1	NY/T 1701—2009	农作物秸秆资源调查与评价技术规范
2	NB/T 34030—2015	农作物秸秆物理特性技术通则

2. 饲料化利用

序号	标准编号	标准名称
1	GB/T 25882—2010	青贮玉米品质分级
2	NY/T 2088—2011	玉米青贮收获机作业质量
3	NY/T 2771—2015	农村秸秆青贮氨化设施建设标准
4	JB/T 7136—2007	秸秆化学处理机
5	NY/T 509—2015	秸秆揉丝机 质量评价技术规范
6	GB/T 26552—2011	畜牧机械粗饲料压块机
7	GB/T 16765—1997	颗粒饲料通用技术条件
8	GB/T 25699—2010	带式横流颗粒饲料干燥机
9	NY/T 1930—2010	秸秆颗粒饲料压制机质量评价技术规范
10	GB/T 6971—2007	饲料粉碎机 试验方法
11	JB/T 11683—2013	锤片式工业饲料粉碎机

（续）

序号	标准编号	标准名称
12	JB/T 11693—2013	工业饲料粉碎机 能效限值和能效等级
13	JB/T 6270—2013	齿爪式饲料粉碎机
14	JB/T 9822.1—2008	锤片式饲料粉碎机 第1部分：技术条件
15	JB/T 9822.2—2008	锤片式饲料粉碎机 第2部分：锤片
16	NY/T 1554—2007	饲料粉碎机质量评价技术规范
17	NY/T 1230—2006	饲料粉碎机筛片和锤片质量评价技术规范
18	NY 644—2002	饲料粉碎机安全技术要求

3. 原料化利用

序号	标准编号	标准名称
1	GB/T 27796—2011	建筑用秸秆植物板材
2	GB/T 23471—2009	浸渍纸层压秸秆复合地板
3	GB/T 23472—2009	浸渍胶膜纸饰面秸秆板
4	GB/T 21723—2008	麦（稻）秸秆刨花板
5	JC/T 2222—2014	木塑复合材料术语
6	GB/T 29500—2013	建筑榫栿用木塑复合板
7	GB/T 24508—2009	木塑地板
8	GB/T 24137—2009	木塑装饰板
9	LY/T 2556—2015	平压生物质基塑性复合板材
10	HJ 2540—2015	环境标志产品技术要求 木塑制品
11	JC/T 2221—2014	建筑用木塑门
12	JC/T 2223—2014	室内装饰装修用木塑型材
13	JC/T 2224—2014	室外装饰用木塑墙板
14	LY/T 1613—2004	挤压木塑复合板材
15	LY/T 2554—2015	木塑复合材料中生物质含量测定 傅立叶变换红外光谱法
16	LY/T 2557—2015	生物质基泡沫材料中生物基含量检测方法

参 考 文 献

安亚平，张强，1995. 高速摄影在化工过程中的应用. 化工装备技术，16 (6)：50-51.

班春华，2014. 玉米秸秆的应用现状与发展趋势. 农业科技与装备，246 (12)：61-62.

毕于运，2006. 秸秆资源评价与利用研究. 北京：中国农业科学院.

曹广才，黄长玲，2001. 特用玉米品种种植利用. 北京：中国农业科技出版社.

曹明璐，韩文锋，2009. 综合利用玉米秸秆加工技术促进农业可持续发展. 81 (2)：34-35.

曹平祥，2005. 圆锯片齿形、角度及应用. 中国林业机械协会林业和木工刀具专业委员会-2005 年全国木工刀具生产及应用技术研讨会论文集.

柴民杰，李磊，李金民，2009. 我国秸秆的利用现状及发展趋势分析. 应用科学.

昌俊康，段宝岩，2009. 连续体结构拓扑优化的一种改进变密度法及其应用. 计算力学学报，26 (2)：188-192.

陈洪雷，杨桂花，陈嘉川，等，2009. 玉米秸穰与 APMP 混合抄纸改善成纸性能的研究. 中华纸业，30 (2)：46-48.

陈鹏，姜景川，2008. 玉米秸秆综合利用技术. 农业开发与装备 (10)：39.

陈祥，刘辛军，2012. 基于 RAMP 插值模型结合导重法求解拓扑优化问题. 机械工程学报，48 (1)：135-140.

陈争光，王德福，李利桥，等，2012. 玉米秸秆皮拉伸和剪切特性试验. 农业工程学报，28 (21)：59-65.

崔明，赵立欣，田宜水，等，2008. 中国主要农作物秸秆资源能源化利用分析评价. 农业工程学报，24 (12)：291-296.

董宇，马晶，张涛，等，2010. 秸秆利用途径的分析比较. 中国农学通报，26 (19)：327-332.

樊园，黄伟伟，柳华，等，2014. 几种数值积分方法的对比分析. 信息通信，1 (6)：20-21.

樊园，黄伟伟，柳华，等，2013. 基于牛顿-科特斯积分的误差分析. 大学教育，18（1）：152-153.

付敏，井永晋，李荣峰，等，2021. 基于 TRIZ 的秸秆皮穰分离机概念设计. 可再生能源，39（5）：587-593.

傅伯钦，2007. 丹麦秸秆生物质能源的开发与利用. 大众用电，12（7）：20-21.

高建民，2004. 甘蔗螺旋扶起机构的理论研究及虚拟样机仿真. 农业工程学报，20（3）：1-5.

高利伟，马林，张卫峰，等，2009. 中国作物秸秆养分资源数量估算及其利用状况. 农业工程学报，25（7）：173-179.

高梦祥，郭康权，杨中平，等，2003. 玉米秸秆的力学特性测试研究. 农业机械学报，34（4）：47-49.

葛宜元，王金武，李世伟，等，2009. 整株秸秆还田机刀轴载荷谱编制与疲劳寿命估算. 农业机械学报，40（3）：77-80.

耿红，1986. 青饲机切碎装置若干参数的探讨. 农牧与食品机械，1（5）：11-15.

公丕臣，2021. 玉米秸秆机械化回收与深加工技术现状与发展分析. 农机使用与维修（2）：21-22.

宫秀杰，钱春荣，石祖梁，等，2021. 东北区玉米秸秆资源量、利用现状及存在的问题. 农业科技通讯（3）：4-6＋9.

郭冬生，黄春红，2016. 近10年来中国农作物秸秆资源量的时空分布与利用模式. 西南农业学报，29（1）：1948-1954.

郭海云，李桓，2004. 高速摄像技术在弹道碎石器探头运动参数测量中的应用. 中国医疗机械，28（6）：22-24.

何旅洋，郑百林，杨彪，等，2016. 航空发动机叶片抗冲击动力学拓扑优化研究. 力学季刊，37（3）：513-521.

何袁，2014. 玉米秸秆皮穰叶分离机定向输送喂入装置试验研究. 哈尔滨：东北农业大学.

侯方安，2006. 玉米秸秆饲料加工十大技术. 农机推广与安全，1（7）：45-46.

胡伟，2007. 精打细算之玉米稻秆皮穰分离利用技术. 当代农机，3（1）：40-41.

华新生，田明德，黄洪星，等. 2013-04-17. 秸秆皮穰分离的分离装置及分离方法. 103039191A.

黄德超，王瑞丽，2009. 铡草机切碎器性能分析. 农业科技与装备，1（6）：43-47.

黄汉东，王玉兴，唐艳芹，等，2011. 甘蔗切割过程的有限元仿真. 农业工程学报，27（2）：161-166.

黄婉媛，任德志，宫元娟，等. 基于 Abaqus 的耦合式玉米秸秆皮穰分离仿真与试验. 农业机械学报，2021（7）：1-16.

蒋恩臣，2002. 割前摘脱装置及其吸运系统. 北京：高等教育出版社：54-63.

开依沙尔·热合曼，买买提明·艾尼，2014. 基于骨骼重建机理的连续体结构仿生拓扑优化方法. 农业机械学报，45（5）：340-346.

康忠民，陈隆，杨小刚，2017. 基于拓扑优化的重卡车架概念设计研究. 时代农机，44（12）：119-120.

李建平，赵匀，臧少锋，等，2005. 有序抛秧振动输送机构的模态分析与试验研究. 农业工程学报，21（3）：115-117.

李军，胡俊男，于珍珍，等，2021. 秸秆收储运技术研究现状及发展趋势分析. 现代化农业（4）：61-64.

李丽勤，2004. 高速摄像目标提取跟踪系统研究与应用. 北京：中国农业大学.

李文哲，徐名汉，李晶宇，2013. 畜禽养殖废弃物资源化利用技术发展分析. 农业机械学报，44（5）：135-142.

李霞，付俊峰，张东兴，等，2012. 基于振动减阻原理的深松机牵引阻力试验. 农业工程学报，28（1）：32-36.

李翔，王皓，2012. 连续体结构拓扑优化的过滤变密度法. 复旦学报（自然科学版），51（4）：400-405.

李小城，刘梅英，牛智有，2012. 小麦秸秆剪切力学性能的测试. 华中农业大学学报，31（2）：253-257.

李晓东，邱立春，2011. 玉米秸秆物理机械特性试验研究. 农业科技与装备，2011（2）：62-64.

李旭宇，倪泽，张露，2013. 一种变删除率的渐进结构优化方法. 长沙理工大学学报，10（2）：57-62.

廖娜，韩鲁佳，黄光群，等，2009. 基于玉米秸秆轴向压缩过程数值模拟研究. 山西：中国农业工程学会.

廖庆喜，2005. 免耕播种机锯切防堵装置的高速摄影分析. 农业机械学报，36（1）：46-49.

廖庆喜，邓在京，2004. 高速摄影在精密排种器性能检测中的应用. 华中农业大学学报，23（5）：570-573.

蔺公振，扬健明，1994. 悬挂式联合收割机清选装置的试验. 洛阳工学院院学报，15（4）：21-26.

刘缠牢，阮萍，熊仁生，等，2001. 高速摄影测量的计算机辅助. 光子学报，30（1）：113-116.

刘德军，赵明宇，2004. 农作物秸秆丝化加工特点及机理分析. 农机化研究，（4）：71-73.

刘鸿文，2004. 材料力学. 北京：高等教育出版社，176-197.

刘丽玲，王德福，2011. 玉米秸秆皮穰分离机剖囊机构试验研究. 东北农业大学学报，42（2）：43-47.

刘平义，骆龙敏，李海涛，等，2016. 秸秆多级辊压成型原理与装置设计. 农业机械学报，47（S1）：317-323.

刘庆庭，区颖刚，卿上乐，等，2007. 农作物茎秆的力学特性研究进展. 农业机械学报，38（7）：172-176.

刘书田，贺丹，2009. 基于 SIMP 插值模型的渐进结构优化方法. 计算力学学报，6（26）：761-767.

刘孝民，桑正中，1998. 逆转旋耕抛土刀片试验研究. 佳木斯工学院学报，16（1）：1-5.

刘永洪，赵洪光，2008. 浅谈我国玉米秸秆的利用与发展. 科技视野：决策管理，1（11）：67-167.

龙凯，赵红伟，2010. 抑制灰度单元的改进优化准则法. 计算机辅助设计与图形学报，22（4）：2197-2201.

罗静，张大可，李海军，等，2015. 基于一种动态删除率的 ESO 方法. 计算力学学报，32（2）：274-279.

罗震，陈立平，黄玉盈，等，2004. 连续体结构的拓扑优化设计. 力学进展，34（4）：463-476.

钱永梅，冯雪，田伟，2019. 玉米秸秆重组集成材受力性能试验研究初探. 建筑结构，49（S1）：273-275.

师清翔，刘师多，姬江涛，等，1996. 控速喂入柔性脱粒机理研究. 农业工程学报，12（2）：173-176.

施跃文，2016. 基于拓扑优化的压机下梁结构设计与分析. 中国陶瓷工业，23（6）：34-37.

石磊，赵由才，柴晓利，2005. 我国农作物秸秆的综合利用技术进展. 中国沼气，23（2）：11-14.

苏增立，2003. 高速摄像系统及其在靶场中的应用分析 . 飞行器测控学报，22
（3）：80-83.

隋允康，宣东海，尚珍，2011. 连续体结构拓扑优化的高精度逼近 ICM 方法 .
力学学报，43（4）：716-724.

孙丁贺，杨培权，张允政，2007. 农作物秸秆的综合利用研究 . 安徽农业科学，
35（35）：11587-11590.

孙竹莹，1988-08-19. 玉米秸皮穰分离机 . 1988 2287780.

唐英迪，袁洪印，2020. 浅谈我国玉米秸秆综合利用现状及存在的问题 . 农业
与技术，40（13）：43-44.

田潇瑜，侯振东，徐杨，2011. 玉米秸秆成型块微观结构研究 . 农业机械学报，
42（3）：105-108.

王春芳，毛明，泮进明，等，2012. 玉米秸秆取样条件对其弹性模量的影响研
究 . 农业工程，2（1）：47-53.

王聪，刘玲玲，孔德巍，等，2021. 黑龙江省玉米秸秆肥料化利用技术模式浅
析 . 农业科技通讯（2）：16-18.

王德福，陈争光，于克强，2012. 玉米秸秆剥穰机构参数优化 . 农业机械学报，
43（10）：90-94.

王洪波，2007. 羊草可压缩性及其应力松弛特性的虚拟样机分析研究 . 呼和浩
特：内蒙古农业大学 .

王慧，喻天翔，雷鸣敏，等，2011. 运动机构可靠性仿真试验系统体系结构研
究 . 机械工程学报，47（22）：191-198.

王金武，唐汉，王金峰，2017. 东北地区作物秸秆资源综合利用现状与发展分
析 . 农业机械学报，48（5）：1-21.

王景锋，杨中平，范芳娟，2005. 气流式分离机分离不同形态秸秆碎料的试验
研究 . 农机化研究，1（3）：196-197＋199.

王密盛，2021. 黑龙江省秸秆利用方式解析 . 农机使用与维修（2）：123-124.

王琪，胡晓丽，李松，等，2011. 刨花形态对秸秆板材性能的影响试验研究 .
中国农机化，1（3）：122-124.

王永菲，王成国，2005. 响应面法的理论与应用 . 中央民族大学学报（自然科
学版），14（3）：236-240.

闻邦椿，刘凤翘，1982. 振动机械的理论及应用 . 北京：机械工业出版社 .

吴创之，2009. 我国生物质能源发展现状与思考 . 农业机械学报，40（1）：

91-99.

肖体琼，何春霞，凌秀军，等，2010. 中国农作物秸秆资源综合利用现状及对策研究. 世界农业，12（1）：31-36.

邢爱华，刘罡，王垚，等，2008. 生物质资源收集过程成本，能耗及环境影响分析. 过程工程学报，8（2）：305-313.

徐志刚，马健康，2004. 新型高速视频图像记录判读系统. 光子学报，33（10）：12-16.

薛红枫，闫贵龙，孟庆翔，2007. 玉米秸秆不同部位碳水化合物组分体外发酵动态分析. 畜牧兽医学报，38（9）：926-933.

杨丹彤，2004. 甘蔗人工砍切过程的仿真方法探讨. 农机化研究，1（6）：45-48.

杨浩仁，2021. 玉米秸秆综合利用与开发利国利民. 大同日报，03-19（7）.

于海业，马成林，王晓敏，1996. 小麦种子在输种管内运动状态的观察与分析. 农业机械学报，27（S1）：58-61.

于勇，林怡，毛明，等，2012. 玉米秸秆拉伸特性的试验研究. 农业工程学报，28（6）：70-76.

岳建芝，张杰，徐桂转，等，2006. 玉米秸秆主要成分及热值的测定与分析. 河南农业科学，1（9）：30-32.

曾令奇，2014. 基于制造工艺约束的数控插齿机中床身拓扑优化设计探究. 企业改革与管理，（18）：135-136.

斩贞来，斩宇恒，2015. 国外稻秆利用经验借鉴与中国发展路径选择. 世界农业，1（5）：1129-1132.

战晓林，2012. 新型玉米秸秆去叶除芯自动机的研究与开发—除芯装置的设计与制造. 大连：大连工业大学.

张百良，王吉庆，徐桂转，等，2009. 中国生物能源利用的思考. 农业工程学报，25（9）：226-231.

张洪建，王德福，孔凡婷，等，2020. 玉米秸秆皮穰叶分离机的设计与试验. 江苏大学学报（自然科学版），41（5）：541-550.

张李娴，2017. 玉米秸秆力学特性的离散元建模方法研究. 杨陵：西北农林科技大学.

张立彬，蒋帆，王扬渝，等，2008. 基于 LMS Test. Lab 的小型农业作业机振动测试与分析. 农业工程学报，24（5）：100-104.

张艳芬，辛太国，2021. 玉米收获后的秸秆机械化回收与再利用技术分析. 农机使用与维修（5）：131-132.

张志飞，徐伟，徐中明，等，2015. 抑制拓扑优化中灰度单元的双重 SIMP 方法．农业机械学报，46（11）：405-410.

郑国喜，2021. 完善秸秆还田配套措施 提升乡村生态文明建设．科学种养（4）：5-6.

钟江，乔欣，王扬渝，等，2010. 快速精确获取设计中农业机械模态模型的方法．农业工程学报，26（1）：129-134.

朱颖，田玉基，2017. 基于区间理论的不确定结构随机疲劳损伤估计方法．工程力学，34（8）：1-9.

左旭，王红彦，王亚静，等，2015. 中国玉米秸秆资源量估算及其自然适宜性评价．中国农业资源与区划，36（6）：5-10.

Ahmad Muhammad Riaz，Chen Bing，Haque M，2021. Aminul，Saleem Kazmi Syed Minhaj，Munir Muhammad Junaid. Development of plant-concrete composites containing pretreated corn stalk bio-aggregates and different type of binders. Cement and Concrete Composites.

Arnold R E，1964. Experiments with rasp bars and threshing drums，some factors affecting performance. Journal of Agricultural Engineering Research，9（2）：99-131.

Barth T，Deconinck H，1992. Unstructured grid methods for advection dominated flows. AGARD ReP. R-787，AGARD，Paris.

Bourdin B，2001. Filters in topology optimization. International Journal for Numerical Methods in Engineering，50（9）：2143-2158.

Bruns T E，Tortorelli D A，2001. Topology optimization of nonlinear elastic structures and compliant mechanisms. Computer Method in Applied Mechanics and Engineering，190（26）：3443-3459.

Caspers L，1966. Einfluss von spaltweite，spalt-und korbform aufden drechvorgang（Influence of concave clearance and construction on threshing performance）. Grundlagender Landtechnik，16（6）：220-228 .

Chen Xiye，Liu Li，Zhang Linyao，et al，2021. Effect of active alkali and alkaline earth metals on physicochemical properties and gasification reactivity of copyrolysis char from coal blended with corn stalks. Renewable Energy，171.

Chen Zining，Chen Zhiguo，Yi Junyan，et al，2021. Application of Corn Stalk Fibers in SMA Mixtures. Journal of Materials in Civil Engineering，33（7）.

Dadalau A, Hafla A, Verl A, 2009. A new adaptive penalization scheme for topology optimization. Production engineering research and development, 3 (4-5): 427-434.

Dongkyu Lee, Soomi Shin, 2016. Evaluation of Optimized Topology Design of Cross-Formed Structures with a Negative Poisson's Ratio. Iranian Journal of Science and Technology, Transactions of Civil Engineering, 40 (2), 109-120.

Garcia-Lopez N P, Sanchez-Sliva M, Medaglia A L, et al, 2011. A hybrid topology optimization methodology combining simulated annealing and SIMP. Computers and Structures, 89 (15): 1512-1522.

Hassan O, Probert E J, Morgan K, et al, 2010. Mesh generation and adaptivity for the solution of compressible viscous high speed flow. Int. J. Numer. Methods Eng. , 38 (7): 1123-1148.

Huang X, Xie Y M, 2007. Convergent and mesh-independent solutions for the bi-directional evolutionary structural optimization method. Finite Elem Anal Des. , 43 (14): 1039-1049.

Huang X, Xie Y M, 2010. A further review of ESO type methods for topology optimization. Struct Multidiscip Optim, 41 (5): 671-683.

Jiang Qimeng, Luo Bichong, Wu Zhengguo, et al, 2021. Corn stalk/AgNPs modified chitin composite hemostatic sponge with high absorbency, rapid shape recovery and promoting wound healing ability. Chemical Engineering Journal, 421 (1) .

L. Siva Rama Krishna, Natrajan Mahesh, N. Sateesh, 2017. Topology optimization using solid isotropic material with penalization technique for additive manufacturing. Materials Today: Proceedings, 4 (2) .

Li Zhiyong, Wang Qinghui, Zhou Zhengxin, et al, 2021. Green synthesis of carbon quantum dots from corn stalk shell by hydrothermal approach in near-critical water and applications in detecting and bioimaging. Microchemical Journal, 166.

Lin C Y, Sheu F M, 2009. Adaptive volume constraint algorithm for stress limt-based topology optimization. Computer-Aided Design, 41 (9): 685-694.

Long L D, Handy M Y, 1967. A study of the effects of centrifugal force upon wheat separation, ASAE Paper No. 67-69, ASAE, St. Joseph, MI 49085.

Mahsan Bakhtiarinejad, Soobum Lee, James Joo, 2016. Component allocation and supporting frame topology optimization using global search algorithm and morphing mesh. Structural and Multidisciplinary Optimization. 55 (1): 297-315.

Martinez J M, 2005. A Note on the theoretical convergences of SIMP method. Structural and Multidisciplinary Optimization, 29 (4): 319-323.

Mlejnek H P, Schirrmacher R, 1992. Some aspects of the genesis of structures. Structural Optimization, 5 (1-2): 64-69.

Nguyen T, Ghabraie K, Tran-Cong T, 2014. Applying bi-directional evolutionary structural optimisation method for tunnel reinforcement design considering nonlinear material behaviour. Computers and Geotechnics, 55 (1): 57-66.

Petersson J, Sigmund O, 2015. Slope constrained topology optimization. International Journal for Mumerical Methods in Engineering, 41 (8): 1417-1434.

Petre I, Miu, 1997. Mathematical model of threshing process in an axial unit with tangential feeding. CSAE, Paper. No. 02-219.

Rietz A, 2001. Sufficiency of a finite exponent in SIMP (power law) methods. Structural and Multidisciplinary Optimization, 21 (2): 159-163.

Sigmund O, 2001. A 99 line topology optimization code written in Matlab. Structural and Multidisciplinary Optimization, 21 (2): 120-127.

Sigmund O, 2007. Morphology-based black and white filters for topology optimization. Structural and Multidisciplinary Optimization, 33 (4-5): 401-424.

Sigmund O, Petersson J, 1988. Numerical instabilities in topology optimization: asurvey on procedures dealing with checkerboards, mesh-dependencies and local minima. Structural Optimization, 16 (1): 68-75.

Tao Qi, Li Bing, Chen Yixuan, Zhao Junwen, et al, 2021. An integrated method to produce fermented liquid feed and biologically modified biochar as cadmium adsorbents using corn stalks. Waste Management, 127.

V. Mahesh, L. Siva Rama Krishna, Sandeep Dulluri, et al, 2011. Theoretical Analysis on Powers-of-Two Applied to JSP: A Case Study of Turbine Manufacturing. International Journal of Green Computing (IJGC), 2 (2).

Wang Qing, Sun Shipeng, Zhang Xu, et al, 2021. Influence of air oxidative and non-oxidative torrefaction on the chemical properties of corn stalk. Bioresource technology，332.

Weatherill N P，Hassan O，1994. Efficient three dimensional delaunay triangulation with automatic point creation and imposed boundary constrains. Int. J. Num. Meth. Eng. 37（1）：2005-2039 .

Xie Ruyue，Zhu Ying，Zhang Hehu，et al，2021. Effects and mechanism of pyrolysis temperature on physicochemical properties of corn stalk pellet biochar based on combined characterization approach of microcomputed tomography and chemical analysis. Bioresource technology，329.

Xie Xueying，Zhou Hongzi，Fan Susu，et al，2021. First Report of Phytopythium helicoides Causing Stalk Rot on Corn in China. Plant disease.

Yang R J，Chuang C H，1994. Optimal topology design using programing. Comp. and Stru. ，52（2）：265-275.

Young V，Querin O M，et al，1999. 3D and multiple load case bi-directional evolutionary optimization structural （BESO）structural optimization. Structural and Multidisciplinary Optimization，18（2-3）：183-192.

Zhang Kaili，Sun Qingqin，Wei Ligang，et al，2021. Characterization of lignin streams during ionic liquid/hydrochloric acid/formaldehyde pretreatment of corn stalk. Bioresource Technology，331.

图书在版编目（CIP）数据

玉米秸秆皮穰分离技术及装备研究 / 任德志，薛颖昊，孙仁华编著 . —北京：中国农业出版社，2021.10
ISBN 978-7-109-28492-0

Ⅰ.①玉⋯　Ⅱ.①任⋯②薛⋯③孙⋯　Ⅲ.①玉米秸－剥皮机　Ⅳ.①S226

中国版本图书馆 CIP 数据核字（2021）第 134730 号

玉米秸秆皮穰分离技术及装备研究
YUMI JIEGAN PIRANG FENLI JISHU JI ZHUANGBEI YANJIU

中国农业出版社出版
地址：北京市朝阳区麦子店街 18 号楼
邮编：100125
责任编辑：国　圆
版式设计：杜　然　　责任校对：吴丽婷　　责任印制：王　宏
印刷：中农印务有限公司
版次：2021 年 10 月第 1 版
印次：2021 年 10 月北京第 1 次印刷
发行：新华书店北京发行所
开本：880mm×1230mm　1/32
印张：6.75
字数：200 千字
定价：40.00 元